多浆植物秀

章 编著

农村读物出版社
中国农业出版社

自序

投身园艺工作多载，从最初的“误打误撞”，到后来的一发不可收拾。我开始深信这辈子是离不开这些花花草草了。而多浆植物则是在求学时代到后期工作中始终陪伴我左右的一分子。不会忘记学生时代每月按时“月供”多浆宝贝；也不会忘记在同学家阴暗的石库门老房子内蜗在饭桌下用取暖灯欣赏这些活的艺术品；更不会忘记每失去一株植物时的懊恼心情。我就像是被施了法术的木偶，无法自拔。

我想但凡喜欢花草的人，或许是对美好生活无限向往的人，或许是为了保留些许清闲、安逸的心境宁愿不与世俗裹挟的人。踏花行花卉论坛——在这个以花草为媒的交流平台上，我结识了许多这样志同道合的“仙肉迷”。我们互通有无、交流心得、相互鼓励，这样一路走来也有近6个年头了。当徐晔春老师正式邀请我开始着手编写这本书时，心里既兴奋又担心。兴奋的是可以将自己的一些种植经验和广大花友分享。而担心的则是自己才疏学浅，虽然近几年陆续有相关文稿在报纸杂志发表。但是主笔一本几万余字的书籍还是第一次。在编写整理的这些日子里我得到

许多踏花花友的支持和指导。本书中的多篇文章都是出自论坛的热心花友，他们不计较得失，不有所保留。唯一的愿望就是能和天下所有爱花之人分享自己的心得和种植的乐趣。我想这本书一定不会是无懈可击的！但是也请大家千万不要怀疑我们的诚意！

目录

踏花花友的种植心得

玉扇与万象

玉　扇

百合科
瓦苇属

形态描述

多年生常绿肉质草本，叶墨绿色至青绿色，肉质叶由中心向左右两边排列成扇形，叶直立、叶顶部略凹陷、截面部分有透明感且有灰白色不规则条纹。叶表面粗糙，有小疣状突起。植株低矮无茎，花期为夏、秋季，总状花序、小花 7 ~ 12，灰白色。

生长习性

玉扇也叫截形十二卷。原产于非洲南部。性喜温暖、干燥和阳光充足的栽培环境。耐干旱和半阴，不耐强光，忌涝，不耐寒。生长适宜温度在 18 ~ 28℃。夏季高温时植株呈半休眠状态。冬季过冬温度要保持在 5℃以上。

玉扇 1

万 象

百合科
瓦苇属

形态描述

多年生常绿肉质草本，叶墨绿色至青绿色，棒形肉质叶肥厚多汁、轮状丛生，排列成松散的莲座状，叶顶端有半透明的“窗”，顶端截面布有白色絮状条纹，俗称“叶脉”。截面处呈不规则的圆形，好似大象的足底。总状花序，开灰白色小花。

万象 1

万象 2

生长习性

万象也叫毛汉十二卷、象脚草。生长习性同玉扇。

栽培介质

宗旨是要选择那些团粒结构好、排水畅的基质。现在很多日本爱好者非常推崇使用以小颗粒的赤玉土和鹿沼土为主的栽培基质。可以说它们是目前最好的颗粒介质，能同时兼顾保湿、透气、保肥、排水的效果。赤玉土产于日本关东地区，含有风化的火山砾及铁的成分，故呈现赤褐色，此种土为弱酸性。鹿沼土产于日本栃木县鹿沼地区。此种土的酸碱度偏中酸性。硬度比前者要高。不用担心采用这类介质 1 ～ 2 年内会发生板结的情况。不过它们的价格比一般普通的培养土要高出不少，国内也有些有经验的爱好者采用以植金石和仙土为主的基质。在我国南方一些专业的多肉植物种植户多采用泥炭为主的栽培基质。究竟是采用哪种基质来栽培此类植物，我想应该是“八仙过海，各显神通”，我们不必拘泥于某种栽培基质配比，更不要认为最贵的就是最好的。因为实际栽培中，那些日本的高档基质同我们自己常用的栽培基质种出的植物不会有非常明显的差距。关键是要符合疏松、透气、排水良好同时又兼顾一定的保水性的要求。有些爱好者认为满足这些矛盾的要求是个不小的难题，事实上也只有先做好这一点我们才能谈后面的话题。

玉扇 2

栽培管理

让我们先了解一下玉扇和万象在原产地的生长情况，这种植物的产地冬季通常雨水比较充沛，一般从秋季到翌年春季都是它们的生长期。夏季比较干燥、少雨，它们在此时基本会停止生长。就是我们所说的“冬型种”植物。不过这不代表实际栽培中冬季就是要一味保持湿润，夏季就一定要节制浇水。一般冬季的栽培环境能保持10℃或者更高，可以适当浇水。至于夏季高温，尽管有时你不能有效地降低温度，但是只要适当的遮阴、保持干燥、通风的环境。它们也是可以忍受的。在原产，它们的叶片多埋于土中，只露出叶片先端来接受光线，进行光合作用。这样可以避免动物的啃食和阳光灼伤。人工栽培时都会让叶片露出土面，一来可以增加观赏性，二来可以降低因为潮湿所引起的腐烂概率。

在浇水的环节上同许多瓦苇属的植物一样，一旦温度达到它们适合生长的要求，就要保持土壤微微潮湿的状态，其实做到这一点也极其不容易，我并不想打击大家的热情。一方面你要控制水分不能过多，因为过于潮湿会出现烂根的现象。另一方面你又要满足它们生长的要求，在生长期一旦缺水植物也会表现出委靡的状态，更重要的是缺水也会导致它们的“窗面”变小、花纹变

万象幼苗

玉扇 3

玉扇 4

淡。且需要一定的时间来恢复。如何控制好这个“度”是成败的关键。我们可以借鉴一下兰花爱好者的养殖方式，通常那些有些实力的养兰者会在兰室安装排风装置，每次浇水后就打开排风扇和电扇使室内空气循环、流通。这样可以很好地协调好通风和湿度的关系。如果你是一个专门收集玉扇、万象的爱好者，却不能像他们一样做到这种硬件配制也没关系，用小风扇在稍远处“制造”微风也是一个不错的方法。

家庭栽培玉扇、万象一定要有一个明亮的栽培环境，如果你

玉扇——鬼岩城（日本名）

家的栽培环境不能保证长时间的光照，那你也一定得不到一棵株形标准的植物。养活它们可能并不是一个很难的课题，不过养好它们却不是一件很容易的事。我们现在对它们的审美要求，也随着新品种的不断推出而变得越来越苛刻。首先，对于它们的高度是越矮越好、叶片的宽度要越宽越好，叶顶部的截面越大越好。而且“窗面”的白色絮状条纹要多且要清晰。同时具备这些特点的植株才能称得上是“顶级”。当然这样的植物通常都是“天价”。即使你有实力买到这样的精品，但是如果栽培环境的光线不够，也是徒劳的。光照不足容易造成植物的徒长，叶片会拉长，“窗面”会变小，白色条纹会变淡、变稀疏。虽然这些都不会致命，但是一旦出现这样的情况会给它们的观赏价值打上非常大的折扣！同样，太强烈的光照又会灼伤它们，我们所说的长时间光照不是指强烈的光照。生长季节能保证 6 ~ 9 小时的柔和光线是再好不过了，对于万象而言，长时间的光照则更为重要。夏季高温可以适当遮阴，我们可以采用循序渐进的方法，5 ~ 6 月使用一层薄薄的纱窗遮阴，到了 7 ~ 8 月就可以换专门的遮阴网了。冬季如果有条件，让它们接触更多的光照也是很有必要的。虽然低温减缓了它们的生长速度，但是温暖的阳光却能缓解它们的状态。

繁殖培育

通常采用分株和播种方法。分株可以在每次换盆的时候进行，一般是春、秋季节将母本旁的幼株分离下来，稍稍晾干再另行栽种，刚栽好的植株要谨慎浇水。播种更适合富有经验的爱好者，一般授粉成功的种子要做到随采随播，通常发苗率很低，冬季要保持 12℃以上的温度过冬。有些名贵品种可以采取

玉扇锦 1

玉扇锦 2

万象锦

叶插繁殖。生长季节取完整、健壮的肉质叶，最好是能带点木质部，晾 2 ~ 3 天后，插入素砂或蛭石中，套上一个塑料袋。这样可以保持一定的空气湿度，一般环境适合 30 天左右可以生根，50　60 天会萌发新芽。不过通常这种方式繁殖的幼苗需要很长时间才能成型。此外根插也适用于它们：要选取健壮的根，从植株基部掰下后仍埋在土中，露出土面约 1 厘米，同样保持一定的湿度。这样顶部就会萌芽，长成新株。不过我们需要有很多的耐心等待，而且这样的方式成功率不高！或者用切顶的方式在根茎处 1 厘米处将植物地上部分和地下部分分离，仅留地下部分在土壤中，保持伤口的干燥。再过 30 ~ 50 天会萌发小芽。

玉扇、万象在近几十年园艺育种专家的努力下，已经出现非常多的品种。培育出一棵优秀的植物，不但需要有血统纯正的母本，更需要专家们通过几年甚至几十年杂交，播种后一次次的筛选、淘汰这样重复的工作而得到的，所以少数名贵品种能卖到成千上万的价格。玉扇、万象各自还有斑叶的变种非常知名(玉扇锦和万象锦)，它们还能通过杂交得到另一个变种“玉万”。

花友秘籍

玉扇、万象的栽培用盆

我发现有些爱好者特别喜欢用大盆种植幼苗，希望能给植物提供更大的生长空间和更多的养分。其实这是一种错误的做法。我觉得使用小口径的盆种植此类植物比较稳妥，这样更容易判断盆土的干湿度，盆土更容易收干。那些大盆在浇完水后的几天，盆面土壤虽然已经干透，但里面却还是很潮湿。容易给那些初学者造成一种“假象”，如果此时浇水对根系的影响是很大的。

很多爱好者会用栽培兰花的直筒紫砂兰盆来栽培玉扇和万象，也得到了非常好的效果。因为兰花的根部构造同玉扇有很多相似之处，它们都有发达的肉质根系。这种花盆底部的排水孔比一般花盆要大，且盆壁下部有若干通风口，能将更多新鲜空气送到盆的内部。非常适合玉扇根系的生长。但是通常这样的盆比较沉重，尤其在浇水后。所以，现在也有很多爱好者采用黑色直筒塑料盆，其实日本很多爱好者都采用这样的盆栽培玉扇和万象，我觉得塑料盆更适合有经验的爱好者，虽然在通风、透气上比不过前者，但是价格低廉、重量也轻，大规模栽培多用塑料盆。还有些爱好者采用红色的陶土盆栽培此类植物也比较成功，陶土盆具有泥盆透气的优点，外观也比较干净、大方。不过轻微的碰撞就可能导致破损。花市上也不多见。另外，我不建议新手用釉性的盆种植，通常只有在参加展览时才

在塑料盆外套一个釉盆，因为它只能起到美观的作用。在实际栽培中，我们还是要结合栽培环境和栽培基质选择合适的盆。

玉扇锦
（徐晔春供稿）

长毛高砂

仙人掌科
乳突球属

形态描述

植物易群生，球体呈椭圆形至圆球形，深绿色，球体直径3～5厘米，疣状突起呈细长圆柱状螺旋排列，长约1厘米、粗0.2～0.3厘米，疣腋被白色短锦毛、软毛状周刺辐射排列25～35枚，长2～3厘米，覆盖球体。倒钩状中刺一枚，长2.5～3.5厘米，黄色至褐色。花侧生于球体，淡黄色钟状花，花径1～1.5厘米。果红色，种子褐色。

长毛高砂1
（黄桃鹦鹉供稿）

长毛高砂2
（黄桃鹦鹉供稿）

生长习性

长毛高砂是高砂的一个变种，而高砂则原产于墨西哥圣路易斯波托西州等地。喜阳光充足、温暖、干燥的栽培环境。耐旱，怕低温，忌涝。冬季过冬温度宜控制的6℃以上，生长适宜温度为15～32℃。喜排水良好、透气、疏松且含一定腐殖质中性砂质壤土生长。

栽培管理

不得不承认这是我到现在为止发现的一株最美丽、最具特点的长毛高砂。不光是因为照片拍得非常不错，如果仔细看你会发现软毛状周刺分布得特别稠密，把整个球体“包裹”得格外严实，且越靠近生长点越明显。抱着学习的态度我和它的栽培者 Qiazai 开始攀谈起相关方面的种植技巧。

高砂石化
（姚一麟供稿）

时下非常流行复制成功，我想若是要想达到这样的“高度”，就首先要从栽培环境下手。交谈后得知 Qiazai 是居住在浙江乐清湾的“仙肉发烧友”，他的多浆植物都是在楼顶天台露天种植的。查询相关资料后得知乐清湾是位于浙江南部瓯江入海口北侧，当地还有非常珍贵的湿地资源。该湾地处中亚热带，属典型的副热带季风气候区。温暖潮湿，雨量充沛。我非常羡慕 Qiazai 花友的栽培环境，我们知道乳突球类植物非常适合在温室中生长，但是温室种植最大的问题就是很难协调好空气湿度和通风的关系（当然是指最普通的温室大棚）。常年在这种环境下栽培的植物虽然个体饱满，但是抗逆性却要略逊于露天栽培。但是后者却不一定能达到适合的空气湿度，这的确是一对麻烦的“矛盾体”。而 Qiazai

花友所处的地区既能保证一定的空气湿度，也不用担心通风的问题。海风在送来新鲜空气的同时，也不会降低空气湿度。我想这才是他为什么能将它种得如此出色的前提条件。

虽然很多爱好者不具有这样的地理优势，但是我们可以通过改善局部小环境使植物能更健康地生长。首先，日照时间的长短和植物的形态有着密切的关系，而长日照对于它们非常的重要：南向或东南向的窗台、温室、暖棚或玻璃花房是最理想不过的环境。如果可以的话尽量在窗台外再另外悬挂一个花架来摆放这类植物，这样可以一定程度上延长光照时间。通常长日照环境栽培的植物，它们的圆柱状疣状突起会排列得更为紧密，球体更为紧凑。这会给你的栽培带来很大的信心！在夏季要注意适当的遮阴，尽管球体外覆有的软毛状的周刺能抵挡一部分紫外线，但是并不能百分百的保证球体不会被灼伤，除非你的栽培场所夏季的温度能保持在 34℃左右，同时保持干爽、通风。不然，还是要请你考虑我的建议。长时间干热也容易引发红蜘蛛，可以使用一些专门的杀螨剂来应对。对于浇水环节，这个品种并没有什么特殊之处。极端高温和低温时要注意控水，光照时间不能保证的情况下也要适当的停止浇水。其他的时候做到“干透浇透”就好，唯一要注意的是不要从植物顶端劈头盖脸地浇水，这样会影响美观，若是在闷热的季节，可能还会引起植物的腐烂。栽培用土，我个人还是比较推崇颗粒基质，可以参考如下配方：5 份赤玉土 +2 份麦饭石 +2 份过筛的泥炭 +1 份砻糠灰。

花友秘籍

赤花高砂、高砂、雪衣、长毛高砂、丽晃殿几个品种的区分

很多花友对这几个品种的识别还有疑问，这里谈谈我的愚见：首先，赤花高砂和高砂以及丽晃殿的形态特征是基本一致的，也只有在开花的情况下我们才能区分。而长毛高砂顾名思义就是这个品种的毛状周刺比原种更长些，我觉得只有在栽培环境相同的情况下才能完全辨别出两个品种之间的差异，因为在栽培环境好、生长旺盛的情况下，毛状周刺也会显得浓密粗长。同样的道理，长毛的品种在环境恶劣的情况下生长也会出现问题，特征会随着时间的推移发生变化。那么，这种情况下自然就不具备可比性。当然，这也只是极端的情况下，最好的办法还是需要我们多看、多比较。至于雪衣这个品种，一些初级爱好者也会同高砂混淆起来，通过多次走访一些仙人掌温室，我发现雪衣的中刺比高砂和丽晃殿更粗壮！而且显得更长！将这几个品种放在一起，你就感觉到它们之间细微的差别。

附 Qiazai 花友一些种植长毛高砂的心得：

①很容易栽培的植物，而且根系发达的长毛高砂可以很快发生侧芽，2 个月时间就能长出 2 厘米的侧芽小球！如果种子播种，1 年才能长到 2 厘米。

②长毛高砂侧芽也可以扦插繁殖，在数月以后能见到小的萝卜根群长成。

③它对光照条件要求比较苛刻 ，侧光照和光照不足都可以导致徒长，以及歪头，还有刺座单边倒现象。

天 女

番杏科
天女属

形态描述

多年生群生肉质植物，植株贴地生长，单株高 1.5 ～ 3 厘米，冠径 3 ～ 7 厘米。蓝绿色叶交互对生成莲座状稀疏排列，棍棒叶先端呈钝圆至倒三角形，叶先端密布白色至黄褐色肉质疣状凸起，似蟾蜍皮状。小花黄色、具金属光泽，花柄极短。秋季至翌年春季开放。

生长习性

原产南非内陆石灰岩地区，耐干旱，喜阳光充足、通风良好的栽培环境。生长适宜温度为 15 ～ 28℃，忌闷热、水涝，夏季有明显休眠。冬季过冬温度宜控制在 6℃以上并保持干燥。栽培基质以含一定钙质且疏松、透气、排水性好的沙质壤土为宜。

栽培管理

天女生长的适宜温度在前面已经介绍过了，很多时候我们没有办法将温度常年维持在这个值。而温度一旦过高，植物就进入休眠，这时它们将处于临界状态，养护时稍不注意就容易引起死亡，这也是栽培它们首先要解决的问题。我发现温度高于 32℃时天女属植物的生长就开始缓慢，当长时间超过 35℃时植株就停止生长。有栽培经验的爱好者知道当温度达到 35℃（甚至更高），如果没有良好的通风条件，天女极容易死亡。一旦这些肉质程度非常高的植物开始出现腐烂，那基本上就是被“宣判死刑”。所以，从春、夏交替的季节始，我们就要开始密切注意温度的上升！当气温超过 30℃，就要开始节水。一旦进入休眠应保证良好的通风、适度的遮阴，必要时可在一定时期内停止浇水。而冬季，如果是幼年的小苗则需要 10℃以上才能够安全越冬。而一些健康的、群生的植株在干燥情况下也可以忍受短时间 5℃的温度。若是希望冬季也能生长的话，建议在此期间尽量维持 8℃以上的温度，这样盆土在干透后还能浇水继续生长。

栽培介质

在种植天女属植物的时候可以采用赤玉土为主的颗粒植料，且该属植物常出现在含钙质的石灰岩地区，所以栽培基质中要添加适量的小颗粒石灰石碎片。具体可以参考如下配方：4 份赤玉土 +2 份火山石 +2 份麦饭石 +1 份活性颗粒炭 +1 份石灰石碎片。当然一些生产多肉植物的温室大棚会采用以泥炭为主的栽培基质，这也是可行的，不过应该提醒爱好者，以泥炭类为主植料最好是搭配一些多孔、透气的硬颗粒植料，如粗沙和植金石。在上盆的时候也应该避免使用一些直筒的深盆！至于日常生长期中的施肥，可以采用一些磷、钾素为主的复合肥结合一些含有钙素的叶片肥。磷、钾肥我们能在花市上买到，而那些含有钙质的肥料比较难见。这里推荐我自已常用的“CA2000 钙宝”和速补钾、硼、钙（10—

5—30）高浓度复合调节剂。而在使用过程中我发现后者不但能补充生长期植物所需的养分，同时在秋季使用还能在一定程度上提高植物的抗寒性。

至于浇水的环节还是要结合温度和光照来说，天女属的植物是季节性植物。自然情况下，只有春季和秋季以及冬季的少部分时间是它们的生长期，在此期间可以正常地供水，有时维持一定的空气湿度也能保持它们饱满的外形。并且在此期间它们也要求长时间的、柔和的光照，因为我发现如果光照不足叶片会抽长、体色会变淡。而光线过于强烈，叶片先端的疣突又会发红，若温度再高，摸上去植物就有变软的趋势，这其实是个非常危险的信号。而在极端恶劣的季节（严冬和酷暑），则要保持土壤和栽培环境的干燥。尤其是高温休眠季节要断水并保持干爽且要适当遮阴。冬季浇水应该选择在温度能达到 8℃且有良好的光照的前提下进行。需要提醒南方的花友夏季有梅雨季节，万不可将天女放置于露天环境。因为血的教训告诉我，有时候只需一场梅雨就能使你和宝贝的植物“阴阳两相隔”！

繁殖培育

天女一般采用在秋季播种繁殖，冬季小苗越冬对温度要求较高，应至少保持 10 ~ 12℃。且苗期（一般为 12 个月左右）土壤要保持湿润。而少量繁殖可以用分株法，选择在秋季将侧芽用利刀割下来后，阴干伤口，插于素砂中保持一定空气湿度，30 天左右可以生根。

花友秘籍

速补钾、硼、钙（10—5—30）高浓度复合调节剂的一些小常识

有时候花友之间的交流常会提到施肥方面的经验，而大家常常提到的都是一些复合肥、缓释性肥料、自制有机肥。我自己也在不断地尝试。为什么要单独提一下这种肥料，是

因为它能很好地和其他肥料进行互补，而且含有的钙（螯合态）比例很高。非常适合多浆类植物。现将它的一些功效介绍给大家：

◆ 能增强光合作用，提高叶绿素含量，光洁叶面，激活植物对各种元素的吸收和利用。

◆ 能在一定程度上预防黄叶、斑点等病害的发生。

◆ 提高抗寒、抗旱、防霜冻、耐瘠薄、耐弱光的能力，并对冻害、药害，有恢复功效。

◆ 能激发细胞活力，提高植物自身免疫力，平衡营养生长与生殖生长，促花芽分化。

使用方法：根部施（灌根）500 ～ 800 倍，叶面喷施 1 000 ～ 1 500 倍。

都是天女属的植物，区分它们主要还是看叶片先端的疣的形态和叶片的形状。

天女属植物 1

天女属植物 2

富士

景天科
瓦松属

形态描述

多年生肉质植物。矮生，植株高度 2 ～ 3 厘米，株径 3 ～ 6 厘米。幼年多见单生，后易群生。肉质叶全缘、叶质薄，呈莲座状生长，冬季排列紧凑。叶片椭圆形至卵状椭圆形，叶尖渐尖至钝圆，叶面被白粉。叶色蓝绿或灰绿，叶缘有黄白色纵向斑纹。

生长习性

富士为冬型种植物。喜凉爽、通风、光照柔和的长日照栽培环境。生长适宜温度在 15 ～ 25℃，夏季休眠对闷湿环境极度敏感，不耐水湿、闷热，耐半阴。冬季对低温有一定耐受力，5℃以上可以安全过冬。要求栽培土壤为透气、疏松、排水性好的沙质壤土。

栽培管理

如果将富士列为景天科最难养植物的前三甲，我想景天科的多肉类爱好者一定不会有什么疑义。并不是因为它们对于水质的要求有多高，也不是因为它们对于冬季过冬的温度要求有多苛刻，而是它们非常不能忍受夏季高温的“折磨”。可能是因为它的脾气同它的美丽外表一样受人瞩目。尽管极难被普及，但是依然吸引很多爱好者在每年秋、冬季节去引种。

水分管理上春、秋季节和冬季部分时间是生长季节，此时可以保持土壤见干见湿，同时要求一定的空气湿度。如果冬季的温度持续下降，则要节制浇水。至于夏季有许多爱好者认为需要完全断水，来保命。我并不这样认为，我们知道有些多浆植物在夏季的部分时间是可以完全断水（比如多数番杏科植物），这是因为它们体内能储藏很多水分，在夏季休眠季节可以通过自身的调节来应对恶劣的天气，但是富士这个品种一来叶片没有强大厚实的角质层，能减缓水分的蒸发，二来它们的营养器官并不能储存更多的水分。植物是依靠水分，通过叶片的蒸腾而降温和调节体温的，很显然完全断水的后果是致命的！矛盾的是，当温度刚超过30℃时我们可以节制浇水，但是一旦达到35℃甚至更高，有时候浇水吧，没几天的工夫就烂了（这就是很多爱好者说的不浇水也是死，浇了水也是死）。呵呵，这的确是一个非常考验花友养功的品种。有时浇水环节的个疏漏就会导致它们的灭顶之灾。所以浇水要非常的谨慎，一般夏季浇水都是在傍晚进行的，而且有经验的爱好者都是沿着盆壁少量浇水，或者通过坐盆的方式，也有的采用大盆套小盆的方式。如果正常的话，植物只是外围的叶片发黄，中心叶还是能保持原来的颜色，但如果浇水出了问题，植物会一下子全部叶片都发黄。真的发生这样的情况，通常就神仙难救了。

关于光照，生长季节最好是柔和的长日照，这个品种对于光照的变化也是比较敏感的。此时一旦光照不足很容易破坏植物的造型，有时甚至会改变它们的叶形。所以，基本上生长季节和冬季不需要遮阴，只是要注意有时初秋时节温度一下回暖（就是我们所说的秋老虎），要注意在中午适当遮阴。夏季的时候可以使用银灰色的遮阴网，比起黑色遮阴网，它们能反射掉部分光照。有必要的话，也可以同时用两层网但还能保持一定的明亮度。这里的关键是遮阴网和植物之间必须要保有一定的空间可以通风，我看到有的花友直接将遮阴网剪下小部分放在植物上，这样的做法是不正确的！

栽培介质

对于它们的栽培基质，不论是采用以泥炭为主的有机质植料（泥炭最好是采用呈纤维状的泥炭藓），还是那些赤玉土为主的颗粒植料，都应该在上盆前，将过小、过细的粉尘筛去，这将有助于根部的呼吸。我自己的感受是使用硬颗粒基质更好些，因为夏季很多时候这个品种需要严格控制浇水，如果是泥炭为主的基质，在完全干透后，通过浇水是很难被基质吸收的。你可以看见滞留在盆表面的水需要很长时间才会从盆底渗出，但是轻轻扒开表土，下面依然是干燥的！这样是非常危险的。而使用硬颗粒基质则不会发生这种状况。大家可以参考如下的配方：2 份植金石 +5 份赤玉土 +2 份火山石 +1 份小颗粒活性炭。最好不要用大盆和深盆种植，因为他们的根系相对来说比较浅。我看到有些园艺场使用盆壁很薄的小瓦盆种植　口径大，深度浅，非常适合富士的生长。可惜这种被称为“蛋壳盆”的小瓦盆在花市上很难见到。

施肥方面可以在生长季使用富含磷、钾素的肥料，繁殖常利用植物基部萌发的幼苗扦插繁殖，成活率很不错。

花友秘籍

景天科酸代谢

因为最早发现在景天科植物，所以这种特殊的代谢方式被冠以“景天酸代谢途径”。而这些植物也被称为 CAM 植物。其实很多仙人掌及多肉类植物都是采用这样的代谢方式(最主要的科有仙人掌科、景天科、大戟科、番杏科、百合科等)，对于这些在极度缺水和干旱的环境下的多浆植物，能有效地避免水分过快地流失。在其所处的自然条件下，它们能避开辐射和蒸腾非常强烈的白天，而在凉爽的夜晚开放气孔来吸收二氧化碳的特性，使它们的蒸腾远低于其他类型的植物。而我们常见的一些木本花卉、草本花卉则是在白天吸收二氧化碳，放出氧气，而在夜间则是放出二氧化碳。这也是为什么书本上介绍仙人掌晚上放在室内有益于人体的道理。

心情文字

通过学习一些相关的资料后得知，瓦松属的很多植物都是原产自亚洲亚热带、温带地区，主要分布在中国、日本和朝鲜半岛。富士是由日本多肉植物专家培育出来的品种，在日本瓦松又被称为爪莲华。可能是因为太拗口的原因吧，国内爱好者一直没有广泛采用。而该属的许多植物常常能在屋顶瓦片的缝隙中开花结果，远远望去排列整齐的穗状花序就好似一片松树林。我想这或许就是它们得名的原因吧。

凤凰

姬玉露

百合科
瓦苇属

（大脚板供稿）

形态描述

多年生肉质草本，肉质叶呈莲座状排列且紧密，叶翠绿色、向叶心环抱。顶段呈透明或半透明状且分布有纵向深绿色线状脉纹，株形矮小，高度一般不超过3厘米。成年后多见群生。总状花序、纤细，高度7～12厘米。

生长习性

姬玉露喜欢明亮光线和温暖干燥的环境，耐干旱，不耐寒。怕高温、积水，忌黏质土壤。生长适温18～25℃。好生于疏松透气的沙质壤土。生长期要求有一定的空气湿度。

栽培管理

姬玉露对强光非常敏感，光线过于强烈会导致叶子泛红并失去光泽。通常要使它们顶端的叶片保持透明光亮，就要求柔和的散射光照。而且最好是长时间的光照，这样对株型的控制非常有帮助。夏季高温季节，要将它们置于半阴的环境养护。当然，我们还要避免将它们长期放置在过于荫蔽的环境，这样又会造成叶片排列松散、株形不紧凑，叶片透明度也会变差。通常姬玉露在夏季也会有短暂的休眠期，但不是很明显。这和我们所处的地理位置和种植环境有很大的关系，并不是说夏季就一定要完全停止浇

水。也就是说有时理论还要结合实际来分析运用。

生长期不但要保持盆土见干见湿（要避免积水，以防烂根），而且要求一定的空气湿度，这能使植物的造型更为饱满、颜色更为翠绿、叶片顶端透明度更高。我们一般在花市上看见出售的姬玉露多是温室养殖的。温室的空气湿度要比家里高很多，这也是为什么很多初级爱好者将植物买回家没多久就发现它们很快失去了水灵通透的外表。我想抓住了这个重点，在以后的养护上就会更有针对性。至于夏季高温和冬季极端低温还是要尽量保持干燥，若冬季室内温度能达到10℃以上，植物还是会继续生长，此时可以适当浇水。但是若室内温度只有3～5℃，最好的办法就是节制浇水，强制植物休眠。这样方可顺利过冬。

栽培介质

我发现在土壤配制上，以泥炭为主的基质要比颗粒基质生长得更快，但是一直用颗粒基质栽培的植株品相要比前者更好些。常用4份泥炭+2份仙土+2份粗砂+1份珍珠岩+1份砻糠灰。上盆的时候土壤要先进行消毒杀虫方可使用。生长期如果发现植株生长停滞、叶片干瘪，很可能就是根系损坏所引起的。玉露的根系会分泌酸性物质，长期不翻盆会导致土壤酸化，非常不利于植物的生长，可以一年换一次栽培用土。翻盆整理根系时将老化根和空根剪掉，保留粗壮的白色新根，再用新的培养土栽种。刚栽下的植株要先通过喷水补充水分，等植株恢复生长后，可逐步加大浇水量。

繁殖培育

最常使用的是分株繁殖，春、秋两季取基部萌发的小芽，直接上盆种植，但是前期要减少浇水的次数。不同于其他同属的软叶系植物，姬玉露的叶插成活率几乎为零，故不推荐尝试。我们还可以通过播种的方式来繁殖。这对选育一些优良品种非常有帮助，现在很多多肉植物专卖店常见的玉露寿就是通过用玉露和寿进行杂交培育出来的。但是在我看来姬玉露的花梗更为纤细，花朵更小。这样给授粉带来一定的难度。

现在市场也开始陆续出现一些类似姬玉露的品种，时下最流行的要算是“冰灯玉露”了。一般区分二者非常困难，冰灯玉露叶片顶端没有细小的“须”。顶端“窗户”的透明度似乎要比姬玉露更高！而且种型也更大些。不过因为价格比姬玉露高出不少，所以在性价比上就略逊一筹了。另外，在玉露这个家族中我们常见的还有其他几个品种，如：①大型玉露，又名绿玉杯，为玉露的大型种。肉质叶呈篦状丛生，叶片比一般玉露大，叶端也更圆，更透明。②圆头玉露，也称钝叶玉露，为玉露的栽培品种，叶先端钝圆、光滑，顶端几乎没有“须”。③玉露锦，为玉露的斑锦变异品种，叶被白色或黄色的纵向条纹，斑锦部分越多生长越为缓慢，观赏性也就更高！

很不容易才找到这样一株成年的植株，我们可以比较一下。

花友秘籍

家庭养花土壤消毒杀虫小方法

洁净的栽培基质对于任何植物都是非常重要的，家庭养花最关键的就是要做好杀菌除虫这一环节。这里推荐几种适合居家操作的小方法：

①将栽培基质过筛后平铺于露台、天井或者置于大口径的浅容器中，让其暴晒于阳光下。时间至少持续1周以上，且要经常翻动基质，让其充分接触光照。此法最为简单、实用。一定要在夏季高温时采用，最为有效。

②若要短时间内完成消毒杀虫工作，可将栽培基质平铺于微波炉内，将温度调至中、高档消毒。每次时间不能超过3分钟，且一定要有人在旁看护！等结束后将土自然风干，这样反复3～5次可基本杀灭细菌和虫卵。要注意的是若基质中混有易燃介质，如砻糠灰，则先要用细嘴喷壶将其淋湿，再进行以上操作。

③冬季室外低温（0℃以下）能冻死土壤中的多数有害细菌和虫卵，不过在北方一些地区容易引起土壤物理结构变化。

心情文字

在玉露这个大家族中，姬玉露是非常热门的一个品种，相比一些价格高高在上的珍稀品种或杂交新种，它的性价比更为突出，也非常的大众化。而它的观赏价值却非常高！是个值得收藏的品种。

特选杂交姬玉露

这颗实生苗是通过杂交选育的（含有姬玉露的血统）。虽然还未成年，但是透过身上散发出来的优质血统已经给人眼前一亮的感觉。

特选玉露寿锦

绝对是玉露爱好者们向往的优良品种！不过因为过高的价格，常常让很多爱好者们“望肉兴叹”。

雾冰玉与弹簧草

雾冰玉

洋莎草科
洋莎草属

形态描述

多年生块茎植物，变态肉质茎灰褐色呈不规则椭圆形至卵圆形，株高约10厘米，叶鳞片状，多分枝，上具白色绵毛，总状花序，小花白色，花瓣具褐色纵缟。原产于南非西开普省。

生长习性

与弹簧草基本相同，下面统一介绍。

雾冰玉
（锅盖供稿）

弹簧草

百合科
弹簧草属

形态描述

多年生鳞茎植物，植株有圆形或卵圆形鳞茎，表皮浅绿色。肉质叶由鳞茎顶部抽出，线形或带状，扭曲生长，叶上密被细小白色毛刺，总状花序，小花下垂，花黄色具绿色纵缟，花期 3 ~ 4 月。原产于南非。

生长习性

弹簧草和雾冰玉都是典型的冬型种植物，喜凉爽、通风、阳光充足的栽培环境，秋季至翌年春季为生长季节。忌闷热，不耐阴，具一定的耐寒性。冬季保持 6℃以上可以过冬。夏季高温季节有明显的休眠倾向。要求栽培土壤为疏松、透气的砂质壤土。

栽培介质

尽管这两种植物不属于同一科、属的“近亲”，但是很多习性还是大致相同的。首先，在栽培基质的选择上，都要考虑到排水性和透气性（它们的变态肉质茎都能储存更多水分），其次，我们在配制栽培基质的时候还要根据自身所处的地理位置和栽培场所来决定。为什么要这样说呢？很多爱好者包括一些书籍上都推崇以泥炭为主的富含有机质的栽培基质。当然这

弹簧草
（锅盖供稿）

是一个非常好的选择，和颗粒植料比起来这样的基质能在更短的时间内使植物的变态茎膨大，而且容易萌发子球。不过在我看来这样的配制还是一个比较笼统的方案，举个例子：若是在上海室外阳台栽培这类植物，就要考虑添加一些疏水性的无机植料，比如，粗沙和我们常用的植金石。因为对于夏眠植物来说，高温季节是它们的休眠季节，植物的生长完全处于停滞状态。但是，上海夏季的黄梅雨季对于它们可以说是致命的。一旦它被黄梅雨淋透，而你所采用的栽培基质又是以有机质为主的材料，在土壤中会产生闷、湿、热的局部小环境，而且比起颗粒植料更不容易干透，极容易导致植物茎部腐烂。所以，这种情况下我推荐以颗粒植料为主的基质，具体可以参考如下配比：4 份植金石 +4 份泥炭藓 +1 份活性颗粒炭 +1 份麦饭石。如果考虑使用以泥炭为主的基质，若能保证休眠期的干燥环境，也是可以的。在上盆前还是要

雾冰玉花梗

雾冰玉开花

雾冰玉

雾冰玉花梗

（本页图片由锅盖供稿）

弹簧草花
（锅盖供稿）

强调对基质的消毒，这是栽培肉质茎类植物不可缺少的环节！种植的时候可将植物的茎部露出土表1//3，不过也有些爱好者将它们的茎部全部埋于土表之下，目的是为了加速茎的膨大。这其实没有一个统一的标准，建议还是根据个人的养殖经验来区别对待，如果是初级爱好者，对于水肥管理还比较懵懂，就应该采用前面的方法，若是一些有经验的爱好者，则可以考虑后面的方法。

栽培管理

水肥管理上可以在生长期内保持土壤湿润，过度的干旱和积水都会产生不利的影响。若盆土长期积水，容易造成鳞茎腐烂，而且对于弹簧草来说，生长期一直保持大水灌溉会使卷曲的叶子变直，会降低观赏性；虽然它们都有一定的耐旱性，但是在生长期也不能缺水，尽管不会导致死亡，但也会引起僵苗现象，过于干旱，你会发现雾冰玉的叶片迟迟不能更好地伸展，而弹簧草则会出现叶片发黄、干枯。正确的做法是应该在植株生长旺盛期（上海地区一般是 3 ~ 5 月和 10 ~ 12 月）做到干透浇透的原则，万不可在此期间过于干燥。有条件的话，生长期每月施一次腐熟的稀薄液肥或复合肥，这样能让它们更健康地生长。到了 5 月中下旬随着温度的逐步升高，它们的地上部分也会渐渐枯萎，这时植株将会进入一个休眠阶段，此阶段的关键就是节制浇水，避免雨淋，保持一个干燥、通风的环境。理论上讲温度逐步升高，浇水量逐步减少，最终完全断水，待秋季再逐步提高水分供应量。有些初级爱好者对于此阶段的管理常常不得要领，对于控水的度应该如何掌握比较“头疼”，这里推荐 2 种简单的补水方法大家可以尝试一下，第一种就是通过“坐盆”的方式从底部给水，最好是底部1/4的基质吃到水；第二种方法就是将植物连同盆钵一起种到口径更大的泥盆中，平时高温时浇水只浇在大盆的基质中。等熬过困难期，随着秋季的到来，天气的转凉，就会萌发新芽，此时可逐步恢复正常管理。还有一个关键点就是养分的供给，因为初秋植物刚度过一个休眠期，消耗非常大，所以补充植物全价复合肥是我们不可忽视的环节。只要将适量复合肥撒在盆四周即可。

其他方面，它们对于光照除了休眠季节要适当遮阴外，当温度高于30℃的时候也要避免阳光直射。其余的时候可以多接受光照。生长期充足、柔和的光照对于保持植物的外表特性很重要。繁殖方面可结合秋季换盆进行分株，弹簧草可以将大的鳞茎基部萌发的幼鳞茎分离后单独种植，成活率通常都不错，但是在新叶萌发初期要避免阳光直射，幼鳞茎因为体内养分有限，新萌发的叶片相对柔嫩，初期阳光直射非常容易导致叶片焦尖；而雾冰玉最好在秋季进行播种繁殖。

花友秘籍

关于坐盆补水

坐盆补水就是用大容器盛2/3水，将盆坐到大容器中，以不超过盆口为度，让水从盆的底孔漫漫渗入的补水方法。这种方法除了我们上面提到的适用于夏季补水外，同样适用于其他季节的水分补充。而且这种方法已经广泛运用到播种上面。其好处就是可以避免出现没有浇透的现象，我们也可以在水中添加一些肥料，一举两得。

因外形酷似水中飘逸的海带，也叫海带草！

龟甲牡丹

仙人掌科
岩牡丹属

形态描述

多年生植物，幼年单生、成年后易群生，在原产地多呈水平状贴地生长。地下部分长有庞大的肉质根且主根明显，植株具厚实而坚硬的三角形疣突，排列整齐，顶部被有浓密的白色或黄白色短锦毛。疣突灰绿色至深绿色，有很厚的角质层；表面皱裂呈不规则的沟，正中间一条纵沟一直伸到疣的腋部。钟状花粉红色、顶生。花径为 3.5 ~ 4.0 厘米。

生长习性

龟甲牡丹原产美国德克萨斯西南部和墨西哥北部，自根生长非常缓慢！喜通风良好、柔和的长日照光线栽培环境。极耐干旱，忌闷湿，有一定耐寒性。冬季过冬温度要求在 5℃以上并保持盆土干燥。适宜生长在排水功能良好的石灰性沙砾土壤中。

栽培介质

配制龟甲牡丹的栽培用土还是先考虑排水性，因为它们本身的肉质根系具有非常突出的储水能力，能很好地应对干旱的环境。我觉得可以多采用一些多孔的中颗粒火山石和植金石。具体的配方比例可以参考如下：3 份火山石 +2 份植金石 +2 份赤玉土 +2 份石灰石碎片 +1 份麦饭石。一些国内的爱好者会采用 50%的赤玉土和 50%植金石栽培，虽然也可以勉强让它们存活，但是长期来看我不觉得这样的栽培基质会对植物有多大的帮助（主要针对一些野生的输入种）。但是，一些采用量天尺做接穗的嫁接龟甲牡丹可以在初期的栽培基质中适当添加一些泥炭，等植物落地后再改用上述的颗粒基质。当然对于栽培基质的配比并没有一个定式，可以结合自己的栽培环境做相应的调整。比如有些爱好者喜欢将它们放置在露天栽培，那可以考虑适当增加赤玉土的比例。也有些爱好者认为这样的颗粒基质尽管有它的优点，但是却不能很好地保持肥力，他们在栽培基质中会添加一些缓释性颗粒肥，或者在盆土表面适当地撒些复合肥。这也是个很好的想法。

栽培管理

通过对产地的一些资料收集分析后我知道：龟甲牡丹往往集中生长于含有石灰石的地域。这些产地的气候多干燥、恶劣，全年的降水量很少。但是，夏季的温度通常不会超过 30℃，而冬季最低温度则在零℃左右。我觉得非常有必要先和广大的栽培爱好者谈谈关于龟甲牡丹的产地情况，将有助于我们更深入地了解它们的一些特性，以便给我们在日常养护中带来便利。

水分管理上，我们要尽量让它们在一年中的多数时间保持一个干燥的土壤环境，尤其从秋末到初春浇水的掌控最好是节水—断水—控水的过程。秋季多见阳光，逐渐减少浇水的量，为冬季完全断水做好过渡工作，开春后可以选择阳光明媚、温度达到 15 ~ 20℃的时候，逐步增加浇水量（上述建议完全是针对成年的植物，对于不到20个月的幼苗，则要长期保持较高的空气湿度和土壤潮气）。露天栽培的植物即使在生长期也不能大水灌溉，因为植物的体表一层厚厚的角质层，注定它们的蒸腾作用比仙人掌的其他品种要更缓慢。我觉得最好的办法就是通过“坐盆”的形式给植物补水。这样能保持植物颈部相对的干燥。到了夏季高温时在保持良好通风的前提下，可以适当地增加浇水的次数。 但是增加浇水次数并不能促使植物迅速生长，即使将它们放置在半阴处偏湿养一段时间后植株的直径会增加，但是这样的代价就是会让植物疣突拔高且排列松散。这一点我认为是完全不可取的。至于空气湿度，这个品种也没有特殊的要求，除了一些日本的园艺品种和幼苗外，成年的植物可以不考虑这个问题。有时干燥环境下模拟产地的气候栽培植物更有“野味”。

花友秘籍

打破沙锅问到底

关于龟甲牡丹上盆修根的问题，这是很多初级爱好者常常会遇到的困惑，如何修？为什么修？这些问题就成为一直盘旋在他们脑海中的不解之题！ 首先为什么要修根，我们可以先拿外面最常见的行道树说说，如果是有些经验的花卉爱好者或者园艺工作者都知道这些树从播种到出圃一定要经过至少一次的移植，为什么要移植呢？其实移植的主要目的就是修根，因为这些行道树很多都有明显的主根，但是往往须根不发达。每次移植适当的修剪主根会有利于须根的萌发。有些人又会问了，那同样都是根，为什么不要“主”反而要“次”啊？通俗地讲，我们知道根系从土壤中吸收水分和养分来满足自己的生长要求，而这项工作主要就是由须根来完成的。须根越多植物的生长越旺盛，否则相反。资深的岩牡丹属爱好者会在植物幼年的时候，修剪一部分主根也是为了能促使植物萌发更多的侧根。用最简单的一句话概括就是：修根就是为了更好的生根！其次就是如何修了，修根时要把一些烂根、空根、病根剔除。光有一把锋利的剪刀和一些伤口消毒剂还是不够的，也用一句话概述就是要结合植物个体的情况和翻盆时期而言，就拿龟甲牡丹来说，比如你得到的是一株成年野生的输入种，那最好是尽量多地保留健康的主根，只修剪一些烂根、空根、病根即可；如果是幼年的实生苗则可以多修去一些主根。又比如你是在秋季翻盆修根的话，就可以加大修剪强度，因为通常冬季都是岩牡丹属的休眠季节，不需要很多水分。等来年生长期到来时这些修剪过的植物一定会比没有修剪的植物有更明显的长势。但是春季修剪的话，则要考虑植物还要在当年经历一个生长阶段，如果修得太多，势必需要一定的时间来恢复，加之夏季高温植物会消耗更多的水分，如果根系过少会给植物带来风险。

重新认识龙舌兰

“龙舌兰”这个名字大家一定不会陌生。它们给人的印象都是高高大大的，叶好似出鞘的宝剑，习性也非常的强健，一年四季都充满生机。其实随着越来越多龙舌兰属新型园艺栽培品种的诞生，它们也在慢慢地改变人们对它们的印象。

乱雪锦
（锅盖供稿）

王妃
（锅盖供稿）

笹之雪

（锅盖供稿）

五色万代

（锅盖供稿）

龙舌兰属的多数品种原产于美洲，墨西哥就是一个非常著名的产地。它们都是多年生常绿肉质草本植物，植株丛生或轮状互生。叶肥厚多汁，多见披针形、剑形和菱形。品种上的差异造成它们的大小悬殊。一些原产地的龙舌兰可以长到几米，而一些栽培品种不过十几厘米。它们的花梗高大粗壮，花序多为圆锥形和散形。

近年来涌现出一批专门收集龙舌兰属植物的爱好者，加上各种各样的新品种引入我国。可以发现更多爱好者正在向专业化、规模化发展。通过观察我总结几条变化：

①由大型化转为小型化：龙舌兰属植物要被更多的人接受，必须要向小型化发展。现代人都住进钢筋水泥“森林”中，养花作为一种兴趣爱好，一般都是利用窗台、阳台等小面积场地来栽培植物。若培育出来的新品种都是像原产地的“大块头”，那只会往死胡同里走。

②向叶艺方向发展：人们都喜欢叶色明快、鲜艳、富有变化的植物，而龙舌兰的许多叶艺品种习性较为强健，非常适合普及。而且这一点似乎在近些年较为突出。我们不用花上很多钱就能买到叶片带有缟艺的龙舌兰。一些性价比很高的叶艺品种（如五色万代锦、吉祥冠锦等）被更多爱好者收藏。

吉祥天锦

③向多丝方向发展：叶缘带有丝状白色纤维的龙舌兰属植物要比一般的龙舌兰更具观赏性，以著名的泷之白丝为代表。

④向豪刺方向发展：这是许多“骨灰级”收藏者极为追捧的名贵品种。一般价格昂贵，常见的代表种有长曲刺妖炎、阳炎。

栽培介质

种植龙舌兰属植物的土壤一定要保证良好的排水性，在上盆的时候要在盆底铺设一层厚厚的排水层，我们可以选择一些大颗粒的火山石。一些长势快的品种可以适当添加一些腐熟的鸡粪作为底肥。现在比较流行的栽培介质配比以日本的鹿沼土和植金石为主，常见有 4 份鹿沼土 +2 份植金石 +2 份赤玉土 +2 份砻糠灰。不过有时你也不需要像那些龙舌兰爱好者那样花很多时间去寻找这样的栽培基质。因为它们对土壤的要求并不是很高，我注意到一些福建、广州的专业生产者甚至用煤灰、泥炭跟粗砂一起混合也可以栽培出非常漂亮的植株。当然他们使用的煤灰都是要过筛的。龙舌兰属植物对土壤酸碱度的变化也不是很敏感，从微酸性土壤到微碱性土壤它们都可以“来者不拒”。我们可以随着经验的增长逐步找出合适的栽培用土。

栽培管理

龙舌兰喜欢温暖干燥和阳光充足的环境，生长适宜温度在 18 ～ 28℃。不过它们对极端温度的忍耐力还是非常强的，夏季除了一些斑锦品种需稍稍遮阴外，绝大多数品种完全可以抵抗强烈的紫外线。而冬季一些南方的城市可以在露天过冬。许多品种能耐 0℃低温，甚至有时地上部分被冻死了，只要地下部分还有生命力，第二年依然会萌发新的植株（多见于一些青叶大型品种）。而一些肉质化程度高的品种则要保持 5℃以上的温度（如王妃雷神锦），通常龙舌兰属的植物在室内即可过冬。

日常浇水，应视植物的生长情况和温度来定。有些生长比较缓慢的品种不能频繁地浇水，这样往往容易造成植物烂根。在夏季你也没有必要一味地节制水分，当土壤干透后可以选择在清晨或是傍晚给它们浇一次水。要注意的是高温、闷热、无风的时候要保持土壤的干燥。一些斑锦品种和肉质化程度高的品种则更要提防因为环境过湿造成的死亡。一般不建议大家在夏季浇水的时候将水直接洒向植物，这样会增加烂心的概率。正确的做法是沿着盆壁浇水。平时在浇水的时候可以适当添加一些化肥，如美国产的花宝。或者在盆内施用一些三元复合肥也是不错的选择。施肥要避开冬季和夏季。一般在 4 月下旬至 6 月上旬或者是 10 月中下旬至 11 月中旬都可以。

繁殖培育

龙舌兰属植物的繁殖通常以分株为主。一般在春季 3 ~ 4 月时，用利刀将老株根际处萌发的侧芽从母株上分离下来，另行栽植，成活率很高。还有一种方式是切除植物的顶端，破坏其生长点，强迫它萌发侧芽。可以在短时间内得到若干幼苗。

病虫害防治

主要有叶斑病、炭疽病和灰霉病，可用 50%退菌特可湿性粉剂 1 000 倍液每隔 7 ~ 10 天喷洒一次。介壳虫为害主要以 80%敌敌畏乳油 1 000 倍液每隔 10 天左右喷洒一次。

花友秘籍

关于酸、碱性土的小知识

土壤酸碱度，是衡量土壤中酸碱含量多少的专业术语。pH 小于 7 的为酸性土，大于 7 的为碱性土。绝大多数的多肉植物土壤要求 pH 控制在 6.8 ~ 7.2。我们可以在花市购买到专门测量 pH 大小的 pH 测试纸。

这还是棵小苗，弯曲怪异的刺是它们的“名片”。

妖炎

特选矮性多毛笹之雪

（锅盖供稿）

妖炎

（锅盖供稿）

名贵的龙舌兰——辉山

漂亮的龙舌兰——王妃雷神黄中斑

几年前这样的一株身价值好几千，养护不是非常的困难，只是生长的速度不快。

皱叶麒麟

大戟科
大戟属

形态描述

多年生肉质植物，植株呈矮性匍匐状且易丛生，高4～9厘米。肉质茎表皮深褐色至灰褐色，粗糙起皱，脱叶痕明显。茎贴地或斜直立生长。叶聚生于茎的顶端，长椭圆形，叶色青绿、叶质厚，边缘具褶皱。经烈日暴晒后则呈红褐色。

（徐晔春供稿）

生长习性

原产地为非洲的马达加斯加岛屿，多见于灌木丛下。喜温暖、干燥、光线明亮的环境。耐干旱，忌水涝，喜欢排水良好且含腐殖质的砂性壤土。过冬温度要求在8℃以上。

栽培介质

皱叶麒麟的原产地马达加斯加岛是由火山岩构成的。当地土壤是那种砂质的土壤。我们在配制栽培基质的时候可以考虑使用一些种兰花用的小颗粒火山石，我个人用 2 份火山石 +4 份赤玉土 +1 份砻糠灰 +1 份麦饭石 +2 份泥炭藓，感觉效果不错。一般这样的土壤透气性非常好，生长期在 22 ～ 30℃的环境，浅盆种植的话一天浇一次水也没事。记得以前去参观专业生产多肉植物的温室，看见那些专业人士种的皱叶麒麟叶片非常饱满，深绿色，紧贴着地面生长。他们的栽培基质也是呈颗粒状的。

栽培管理

种植中，光照是我们要注意的。皱叶麒麟在生长季节也最好保持充足的散射光，若是光线太强叶片会发红、起皱会更明显，叶片也会变小甚至会造成落叶。虽然此品种在原产地多生于灌木下，能耐半阴，但是也不能过于遮阴，这样长出来的叶片会很瘦弱且褶皱也会消失。明亮的环境下栽培植物也不容易落叶。水分环节除了生长期要保持土壤微潮外，其他时候尽量让土壤干燥些。如果能在春、秋季保持一定的空气湿度对它们的生长也是有帮助的。冬季的时候也要注意控水，尤其是低温阴湿的环境更要注意。此外，它们对于肥料的要求也不是非常的讲究，常用的复合肥、腐熟的饼肥都能使用。一般复合肥直接撒在盆上即可，饼肥可以对水浇灌根部，做到薄肥勤施。生长期 7 ～ 10 天施一次。

繁殖培育

以分株和扦插为主。一般扦插的成活率不及分株。若是新手还是建议用分株繁殖为好，可在 4 月中下旬至 5 月中旬进行。分离的时候切面要尽量小。从而避免流失更多的汁液，这里我推荐大家使用男士用的胡须刀片来操作。因为胡须刀片非常锋利，可以保持伤口平整，有利于日后伤口的愈合。分离后的伤口要涂上硫黄粉或草木灰，晾干后再上盆。扦插可在生长期进行，剪取健壮充实的并带有顶芽的肉质茎，晾 2 ~ 3 天，等伤口干燥后；插于珍珠石和蛭石混合的介质中，20 ~ 30 天可生根。可惜的是扦插得到的植株很难长出块根。

皱叶麒麟还有一个常见的相似种：筒叶麒麟是近几年引入我国的一个品种。植株具块茎，茎顶端群生灰褐色圆棒状枝条，枝条呈侧生或匍匐状，叶排列颇不规则。肉质叶轮状互生，细长筒状，暗绿色。

筒叶麒麟

花友秘籍

如何制作皱叶麒麟盆景

皱叶麒麟顾名思义因为叶片具有起伏的皱褶而得名，其株形小巧玲珑，根茎虬曲多姿，褶皱的叶子簇生于枝头顶端，让人不禁联想到夏日的夏威夷海滩。和制作那些树桩盆景比起来，制作一盆皱叶麒麟盆景要简单得多，而且成型非常快。因为皱叶麒麟不适宜做强修剪（体内有白汁），也不使用蟠扎。选材自然就成为成败的关键。我们可以“因材制宜”，根据自己购买的植株形状制作一些丛林式、悬崖式的造型。一般可以在春、秋两季通过分株和扦插的方法得到一些独立幼苗。如果是做悬崖式，可以选 1 ~ 2 棵幼苗一前一后、一大一小高低错落地栽种在直筒紫砂盆中，也可在旁边配上一块造型奇特的风砺石，使整体造型感觉平衡。如果是做丛林式，可以按照不等边三角形的造型基础，三三两两、有层次地种植在浅口紫砂盆中，再配上几块斧劈石，撒上一些小颗粒的粗沙，别有一番原生态的感觉。要注意的是上盆时的土壤可以先用雾状水淋湿，最好是稍微有点潮湿的状态，这样上盆后可以过 1 周再浇定根水，也不会使植物脱水。做好造型的盆景要在半阴环境中服盆 1 个月左右，方可逐步转入正常养护。

多肉植物新宠
——空气凤梨

什么叫颠覆传统？什么叫标新立异？什么叫个性时尚？好吧！告诉你，来空气凤梨这里找答案。说它颠覆传统到非常贴切：传统的观念认为土壤就是植物安身立命之处，而现在看看那些悬挂在室内的空气凤梨。不需要土壤，甚至不需要根系来吸收养分（根系一般只起到附着作用）。你会怀疑它们是不是从外星来的“访客”。说它们标新立异也是一点不为过：见识了它们特立独行的根，你又会产生怀疑，那我们该如何种植这些植物？其实这完全取决于你的发挥，你可以将它们绑在木头上；可以将它们粘在石头上；可以将它们放置在贝壳、玻璃杯、紫砂壶等各种器皿中。说它们个性时尚更是恰如其分：我们总是担心自己外出旅行时家里的植物没人料理，如果你种的是空气凤梨，那你完全可以找根钓鱼线将它们挂在自己的背包上，同你一起外出散心。够酷吧！见过遛狗的不稀奇，有没有见过“遛草”

红花瓣（阿贝提那）
（红蚂蚁供稿）

多国花（群生）

卡比他他

的？现在介绍隆重登场的多肉植物新宠——空气凤梨。

空气凤梨是凤梨科家族中最多样的一群植物，因为它们和土壤“绝缘”故也叫空气草，现在也有很多人喜欢叫它们“空凤”。它们的分布非常广泛，从干旱的沙漠地区到湿润的雨林地区都能看到它们的身影。很多品种植株体表密布一层很短的绒毛或者鳞片，这能帮助它们很好地吸收空气中凝结的水汽。它们的形态也不尽相同，有些小巧的只有 10 ~ 20 厘米，有些长度能达到 2 ~ 3 米，植株多呈莲座状、筒状、线状排列，叶片有披针形、线形、直立或卷曲。叶色除绿色外（湿润地区多见），还有灰白、蓝灰色或者红色等（干燥、阳光充足的地区多见）。它们的花多从叶丛中间抽出，且花苞片和小花的颜色很丰富。花期一般在 5 ~ 11 月。

红花瓣（阿贝提那）

（本页图片由红蚂蚁供稿）

天鹅精灵
（红蚂蚁供稿）

多国花（群生）
（红蚂蚁供稿）

栽培管理

家庭栽培空气凤梨首先要有一个明亮且通风良好的环境。一些品种原产地不同，对于光线要求也不完全一样，但是一般 6 ~ 8 个小时的光照可以满足几乎所有品种的生长。有些品种的叶片颜色较灰，白色鳞片较多且较厚、硬，则需要较强的光照；一些叶质较软、颜色偏绿的品种则不能忍受长时间的强光。若将它们放置在阴暗的地方，则很不利于它们的生长。其次家庭种植要能保证空气的流通。封闭的环境、空气浑浊的地方很容易导致它们死亡。当然这点在冬季就要非常注意，冬季温度很低长时间开窗通风，很容易使植物发生冻害！正确的做法是选择在有阳光的中午打开一点窗户让空气对流。

有了适合它们生长的“硬件设施”，接着就要说说它们的日常养护了。首先要谈的是水分，生长季节可以 1 ~ 2 天用喷雾的方式让植株淋水，也可以将植物完全浸在水中 1 ~ 2 小时，让其自然吸水，然后抖去植物身上的水珠，将它们放置在通风凉爽的地方吹干。有条件的话可以用电扇。最关键的是不能让中心叶积水，否则容易腐烂。冬季可 1 周喷水一次。但具体的间隔时间要根据温度来定，温度低于 5℃ 要拉长喷水的间隔时间。我们给植物补充的水分最好是纯净水。平时在浸水的过程中还可以添加一些肥料满足它们对于养分的要求，一般也是在生长季节进行。这里所用的肥料一般推荐无机化肥，美国产的花宝就是一个不错的选择。将 1 克花宝溶解在 1 000 克水中充分搅拌，再将植物浸泡其中可一举两得。

花友秘籍

几个注意的小环节

①空气凤梨的繁殖也相对比较简单，一般它们会在花后萌发侧芽，我们只要等到侧芽长到母本的 1/2 左右，就可将它们同母本分离。

②所有凤梨属的植物都对铝和铜严重“过敏”，我们在选择固定植物的材料或种植容器时忌用铜线或铝合金的器皿，这会导致空气凤梨的慢性中毒。

③一般空气凤梨很少生病，但是高温多湿的季节一定要保持空气流通，减少浇水，防止疾病发生。

④有条件的话尽量使用矿泉水，因为有些地方的自来水金属含量超标对它们也是很不利的。

⑤固定植物的时候可以使用热熔胶，不建议用胶水。这是因为胶水中的化学物质对植物健康造成威胁。

心情文字

因为环境限制，它们将自己的根系进化成只起到固定作用的木质纤维；将自己的身体裹上一层特殊的外套。这一切只为了两个字——“生存”！这似乎触动了我的心弦。蜕变是为了更好地绽放自己，当你费尽心思却无力去改变周围的人和事，为什么不在起初的时候去尝试改变自己。或许，当你意识到这一点的同时，就是生命重新绽放的时候。

附介绍几个品种的空气凤梨：

玛丹娜——生长期需保持全日照，夏季高温要注意适当遮阴，最好是光线不能直射的明亮散射光环境，喜欢一定的空气湿度。通风良好的情况下生长期 2 ~ 3 天可用喷雾的形式补充水分。宜施淡肥。

（红蚂蚁供稿）

（红蚂蚁供稿）

球拍——一开始我怀疑这个东西到底是不是空气凤梨，它的长相和养护方法更像是一株积水凤梨，有可以蓄水的叶心，我也一直当积水凤梨在养，喷水时肯定会往叶心喷水，养护半年，生长情况良好。

球　拍
（本页图片由红蚂蚁供稿）

多国花——原产于委内瑞拉、巴西、阿根廷。这个品种适宜多数的环境：长日照、湿润、温暖的栽培场所。对低温比较敏感，冬季8℃以上可安全过冬。

（本页图片由红蚂蚁供稿）

确实像大家说的，开完花了就该长侧芽了。

摄于资料柜玻璃门上。

（本页图片由红蚂蚁供稿）

悬挂于窗前的多国花（群生）。

一手推车的多国群生，呵呵，很有欺骗性，这个沃尔玛的手推车是个迷你型的。

（本页图片由红蚂蚁供稿）

开花的多国花

（本页图片由红蚂蚁供稿）

贝可利——养的时间很短，不好说什么，不过确实很漂亮。

（本页图片由红蚂蚁供稿）

（本页图片由红蚂蚁供稿）

玫瑰精灵—— 入门级栽培品种，原产于墨西哥，这类叶片颜色略带红色的品种喜欢相对干燥、强光的环境，不适合在光线阴暗的环境栽培。

快开花了，叶片显现出迷人的红色。

（本页图片由红蚂蚁供稿）

天鹅精灵

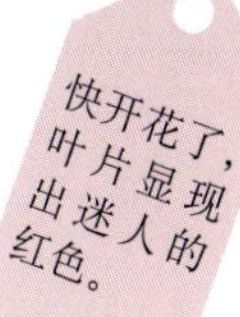

天鹅精灵

发现精灵和贝可利最容易长根，这株天鹅精灵已经牢牢地将根长在木头上了。

天鹅精灵

（本页图片由红蚂蚁供稿）

卡比他他

卡比他他

天鹅精灵

种植于沉木上的空气凤梨

（本页图片由红蚂蚁供稿）

松萝——空气凤梨中比较容易打理的品种，只要将它们悬挂起来就可以了。松萝喜欢温暖、湿润、长日照的环境，比较耐旱。适宜生长温度为22～28℃，冬季要求6℃以上即可安然过冬。花有香味!

粗茎松萝

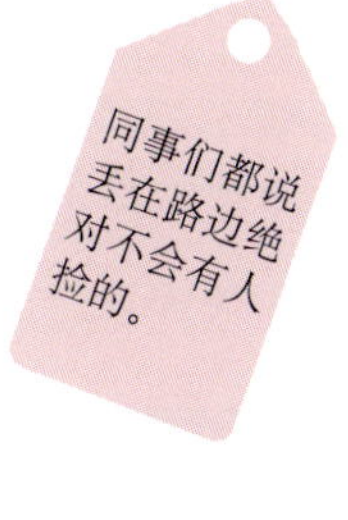

粗茎松萝
（本页图片由红蚂蚁供稿）

银冠玉

仙人掌科
乌羽玉属

形态描述

扁球形球体肥厚多汁，体色蓝绿、体表被白粉，植株具有粗大的肉质萝卜根。幼年为单生、后易群生。球径 8 ～ 15 厘米，具多个浅圆瘤不规则块状的棱，棱沟不明显。球体顶部多绒毛，刺座有白色或黄白色绒毛。钟状花粉红色，花径 1.5 ～ 2 厘米。浆果粉红色，棍棒状。

生长习性

银冠玉也可被认为是乌羽玉的一个变种，而乌羽玉则原产于墨西哥中部和美国得克萨斯州的部分地区。这类植物喜欢温和的长日照，生长适宜温度在 18 ～ 28℃。夏季高温时生长停滞，冬季维持 5℃以上的温度可无碍。要求栽培环境通风、凉爽。盆土要求疏松肥沃、排水、透气兼顾的颗粒基质。

栽培介质

如果是直径在10厘米以上的球体尽量使用一些中颗粒的介质，可供参考如下：5份赤玉土+2份粗沙+2份麦饭石+1份活性颗粒炭。我认为这样的配方主要还是考虑了土壤的排水性和通透性。因为其根部肥厚多汁、主根明显的特点，栽培多用直筒盆。很多细心的爱好者在上盆的时候在底部铺设一层大颗粒的浮石作为排水层，中间一段则使用一些中颗粒的基质，在植物的中上部则再采用大颗粒的基质。这样能在一定程度上提升基质的透气性。不过随之而来的问题是：有时上层土壤已经干透了，但是中层的土壤却还有一定的潮气。这对于一些资深的“仙肉迷”不是一个大问题。但是一些初级爱好者在没有掌握好水分管理的环节时，还是慎用这种种植方式！

栽培管理

银冠玉体表的白粉能折射一定的光线，所以在乌羽玉属中它对光线的敏感度还不是最强烈的（而翠冠玉则是本属中最不能忍受强光的一个品种）。栽培上对于光照的把握我还是要强调“温和的长日照”这句话，我想这和它们的纤薄的表皮有着很大关系，所以这类植物更容易被夏日的强烈阳光所灼伤！不过好在它们的自愈能力还是比较强的。这在它们的幼年时期更为突出，原来家里有一株小银冠玉（直径在4～5厘米），因为一时疏忽，光照过度，产生一些黄斑。后通过2年的养护，原来在球体上方的伤疤渐渐地“挪动”到球体的下方，而且基本愈合。但这如果发生在10多厘米的植株上，则要花费更多的时间来调养。可能你认为自己不能很好地掌握光照的强度，那就试着去关注温度的变化再做相应的调整。我们可以以30℃为一个界限，如果温度不超过30℃，可以不用担心上述问题，一旦达到或超过这个值，你就要采取一定的遮阴措施。这里还要提醒一些初级爱好者，即使是再高的温度，也不可将它们放置在阴暗的角落，一旦球体出现拔高、徒长的现象，很难再让它恢复到原来的样子。

日常的养护上空气湿度也是一个关键点，本属植物在生长期都需要一定空气湿度。我们知道大棚种植的植株球体多饱满，表皮洁净、润泽。有些爱好者常会遇到这样的问题，买回家没多久表皮就会泛起一层“雾”，球体也失去了往日的光彩。但空气湿度高会增加感染锈病的概率（这个现象较为常见），我们使用多菌灵、粉锈宁只能起到一些预防作用，并不能让病斑消失。这还是和我们的栽培环境密不可分，因为一部分爱好者会用透明饮料瓶将球体罩起，或者将它们放置于玻璃缸内养护。如果不能保持良好的空气对流，那就很容易患病，虽然锈病不会导致死亡，但观赏性会大打折扣。我看到一些顶级爱好者采用温室专用 PC 阳光板定制一个“暖棚”，同时还在内部安装一部小型换气扇，通过湿度控制器可以在空气湿度达到一定数值后自动开启换气扇，这样栽培的植物可以很好地降低患病的概率，同时球体也能保持饱满、润泽。

水肥管理上，银冠玉并没有什么特别之处。浇水时不要让水溅到绒毛上，高温季节和冬季温度低于 7℃时要节制浇水，若低于 5℃可完全断水。肥料使用上我个人不主张生长期半月使用一次有机液肥。考虑到银冠玉的根皮是木质栓皮的特点，即使一次性大量施肥，也不能促进植物更快地生长，有时反而会产生一些肥害！你可以遵循一些薄肥勤施的原则，或者在栽培基质中混入缓释性颗粒肥，给它们提供更全面的养分。而我较为倾向于后者。因为生长期养分过于充足会促使植物萌发籽球，有时也会破坏球体的造型。

繁殖培育

银冠玉可以通过嫁接和播种，现在家庭小面积繁殖通常采用播种方法，乌羽玉属是需光萌发的植物。适宜的萌发温度在 22 ~ 30℃（需要 8 ~ 12 天的时间萌发），一定的温差可以诱导萌发，提高整体出苗率。

仔吹乌羽玉

由于细胞分裂特别旺盛，所以这个品种的特点就是容易滋生仔球。标准仔吹乌羽玉的形态是主球不明显（养殖过程中如何控制水肥来保持这样的标准形态也是一个学问）。这株仔吹乌羽玉出现了斑锦变异，而且植物的直径也达到了 35 厘米以上。

乌羽玉缀化

因为外界条件和植物本身的异常生理活动所引起的生长点的异常分化所造就的变异品种。这类植物在日本多肉界较受欢迎。

花友秘籍

关于银冠玉、翠冠玉的简单区分

现在由于园艺品种的盛行，要想百分百地确定品种的确是有一些难度。这里只是简单介绍一下几个主要的区分点供大家参考：①从球体颜色和棱上分辨：翠冠玉一般都是呈翠绿且棱较少，而银冠玉表皮蓝绿色至灰绿色，被白粉，棱相对较多，且疣突富有变化。②从花朵上区分：翠冠玉的花淡黄白色，而银冠玉的花是粉红色。③从根部上区分：将两株大小基本相同的银冠玉、翠冠玉放在一起比较，银冠玉的根皮更显苍老，而翠冠玉的主根更为明显，直径有时会超过球径（幼年多见）。

心情文字

以前在学校学习的时候，了解到美洲的一些土著居民很早学会利用曼陀罗属植物作致幻剂和麻醉药。而后通过对乌羽玉属的初步了解后，我知道因为其体内含多种有毒生物碱，在原产地的墨西哥政府已将它列为毒品！乌羽玉属植物中所含的 mescaline 成分是最被大家所熟知的。这是一种有毒物质且具有迷幻的作用。在服用一定剂量后，便会产生幻觉（据说南美的印第安人以前在做活人献祭时，会使用很多这一类的植物给献祭者使用以降低其恐惧度）。不过对于爱好者来说，我们的一些园艺品种所含的这些有毒物质已经大大降低了。你不用担心哪天因为种了几个乌羽玉属植物而被认为是“藏毒”的“毒贩”。

不夜城芦荟

百合科
芦荟属

形态描述

多年生肉质草本植物，植株成年后易丛生，高 25 ~ 40 厘米，青绿色肉质叶、披针形，幼苗阶段为二向互生，成年后则为轮状互生。叶缘具乳黄色锯齿状肉刺，叶面及叶背有星散的白点。总状花序、小花筒形、橙红色。

不夜城
(pepo 供稿)

生长习性

喜阳光充足且温暖、干燥的通风环境。能耐半阴、干旱，但忌盆土积水和夏季烈日暴晒。冬季过冬温度保持在

5℃以上，20 ～ 28℃是它们的生长适宜温度。要求在疏松、透气，含一定腐殖质的沙性壤土中栽培。

栽培介质

不夜城芦荟的栽培用土主要还是以泥炭为主。常用的基质：4 份泥炭 +1 份仙土 +1 份砻糠灰 +4 份粗砂。有的花友会说我用纯山泥种植不是一样也能很好地生长？不过如果你是新手，用这样的介质要尽量保持盆土的干湿分明，而且在上盆前最好过筛一次，去除细小的粉尘。通常 1 ～ 2 年就要换一次盆，从而避免盆土的板结。

栽培管理

一直听到花友说芦荟养不好，有时水一多就烂根。水少叶片又皱巴巴的。那我们可以理解为要养好此类植物首先要养好它们的根系。所谓“根深才能叶茂”。根系的生长离不开好的栽培基质，更需要一个“懂”它们的园丁来为它们补充水分。在浇水环节上，我比较主张生长期要保持土壤见干见湿，而且要保持一定的空气湿度，土壤不能太过于干燥。当然前提是你的栽培场所有充足的光照。这种条件下栽培的植物叶片肥厚翠绿，株形紧凑。高温季节有较短的休眠期，此时应控制浇水，保持土壤干燥为好，并注意适当的遮阴。同时可以常在盆土周围洒水降温。至于冬季浇水除了要看盆土的干湿情况，也要根据栽培环境的温度、光照来决定。我不建议爱好者完全参照书本上的固定浇水间隔天数。因为通常这些都是比较笼统的，但是我们每个人的栽培环境却是不一样的。个体上的差异决定了浇水不可能像不变的程序化模式一样。要知道“浇水三年功”的古话其实是很有道理的。

不夜城芦荟还是比较喜肥的。我们可以结合早春换盆的时候，在盆底的排水层上面铺上一层基肥，如果是购买专业公司生产的颗粒状有机肥则更佳（现在花市上已经能找到完全腐熟的颗粒鸡粪

有机肥，非常适合用做底肥）。生长季节每 15 ~ 20 天施 1 次腐熟的稀薄有机液肥或复合肥。

病虫害防治

高温多湿的环境容易引发炭疽病和灰霉病为害，这会降低植物的观赏性，防治可用 70%甲基托布津可湿性粉剂或 50%多菌灵可湿性粉剂 500 ~ 600 倍液。不过家庭种植一般还是要以预防为主。虫害有介壳虫和粉虱，可用 40%氧化乐果乳油 1 000 倍液喷杀。

不夜城锦

繁殖培育

常用分株和切顶繁殖。分株在 3 ~ 4 月换盆时进行，将幼苗从母株上取下后盆栽。切顶在 5 ~ 6 月开花后进行，剪取顶端短茎 8 ~ 12 厘米，晾干后除去基部的叶片再插于沙床，一般插后 3 ~ 4 周即能生根。

不夜城芦荟还有一个斑锦园艺变种，称不夜城锦，叶面及叶背均有黄色或黄白色纵向条纹，其条纹的宽窄因植株而异，有时整个叶子都呈黄色。生长速度不及它的原种。好在这几年通过不断的繁殖培育，使得它的价格已经很适合大众了。

花友秘籍

对于芦荟的一些神奇功效想必大家多少应该有些了解了，但并不是所有的300多种芦荟属植物都能包治“百病”，相反有些体内还有毒素。到底哪些才是对人体有益的呢？哪些才适合我们去引种栽培呢？建议花友们认准一个品种——美国库拉索芦荟。因为它是专家们公认的对人体最有帮助的芦荟，而且许多花市甚至超市都能见到它们。购买的时候一定要选成年的植株，成年植株的叶片肥厚而多汁、披针形、长，渐尖，边缘有刺状小齿。叶长60～120厘米，基部宽8～20厘米，厚2～4厘米。远远望去叶片颜色呈蓝绿色。采叶的时候一般要从植株下部开始，先采摘成熟的叶片，不要伤害植株。

心情文字

第一棵芦荟是从伯夫那儿带回来的 。我还非常清楚地记得它刚到我家时的样子：小小的个头不过10厘米，长长尖尖的叶子边上还略带有一点锯齿。加上一身淡绿色的“外套”，一副相貌平平的样子。原来这就是人们一直提到的神奇植物、包治百病的“仙草”啊。实在无法将“神奇”二字同它的外表关联起来。直到多年后我能有兴从事园艺工作，这才对芦荟有了初步的认识：芦荟因为含有一系列的活性成分，能抗菌消炎、健胃下泻，免疫再生、解毒镇痛等作用。

在老百姓所关心的保健、医疗方面有着非同一般的作用和相当的人气。

给我印象最深的是第一次使用芦荟。记得有一次在海边游泳，自认为“五毒不侵”的我，光着膀子在海边疯了一个下午。可到当天晚上背部的皮肤就开始“提出抗议”了：红肿、瘙痒统统都来上门找麻烦了。糟糕的情况持续了2天，这时我想到了芦荟，抱着试试看的心理将芦荟的鲜叶去皮后捣成糊状，然后敷在背上。万万没有想到第二天就很大程度地缓解了我背部的不适。到了第三天背上的红肿就消失了，也不再大片大片的蜕皮了。连用了4天症状就完全消失了。啊呀！妈呀！真是“相见恨晚”啊。中国有句古话说得好“不可以貌取人”！我从小身体就不是太好，每年冬天的感冒绝对不会缺勤，脸上还会时不时地冒出冻疮。后来我开始按照书上的介绍：“饭后用温水洗脸再涂上蛋清和芦荟汁的混合物，均匀涂抹，等干了再用清水洗掉。到晚上临睡前生吃一片芦荟。”这每天不到10分钟的“功课”，竟让我摆脱了一直困扰多年的病痛。现在到了冬天再也不会担心感冒了。

其实这两件事并不能全面地介绍芦荟的用途。我把芦荟神奇的功效告诉了我身边许多亲朋好友，也相信芦荟一定能在不久的将来给更多人带来福音。

雅乐之舞

马齿苋科
马齿苋属

形态描述

多年生常绿灌木，主茎粗，分枝逐细。倒卵形肉质叶，长0.8 ~ 1.5厘米，叶交互对生。嫩枝淡红色，成年后转为浅褐色或银灰色。小叶中央为浅绿色，边缘呈粉红色或乳黄色。有时整片小叶为乳黄色。

（忻晴供稿）

生长习性

喜温暖、干燥、阳光充足的栽培环境，不耐阴湿。夏季忌强光直射，且有休眠迹象。冬季温度要保持6℃左右。盆土要求疏松、透气，具良好的排水性的沙质壤土。

栽培介质

在土壤配制上首先要考虑排水性，有条件的可以用小颗粒的植金石或赤玉土为主，具体可以参考如下配制：4 份植金石 +4 份赤玉土 +2 份泥炭粒。很多的时候我们会将它们拗成悬崖式再配上一个直筒盆，非常的有趣。这里我并不建议新手使用直筒釉盆，因为釉盆不透气，再加上盆深，盆口和空气的接触面积也小，并不利于植物生长。此时若新手一旦水分不能控制好，就很容易烂根。而且随着时间的推移，土壤的颗粒形态会越来越差，会出现更多的细尘土，这样也会影响植物根系的生长。所以一般 1 ～ 2 年就要换一次土。至于盆最好选择美观大方的紫砂盆。上盆时也要在盆底铺上一层大颗粒的植金石做排水层。上好盆，养护成活后的第二个年头，我们可以自已 DIY，对它们进行造型 。一般造型前几天要断水，这样更容易扭动枝条。有些有盆景造型基础的爱好者用马齿苋树的老桩作砧木，以嵌接的方法进行嫁接，这样能在短时间内得到较好的造型。

栽培管理

日常养护中除夏季高温时稍加遮阴外，其他时间都要尽量多接受阳光的照射。这样不仅能促进新枝的萌发，也有利于保持叶片多变的颜色，而且允足的光照也会使枝条更加粗壮、叶片更为厚实。夏季要加强通风，植物在闷热潮湿的环境很容易发生病害。冬季温度不宜太低，有些时候我们会将它们遗忘在阳台上，一旦温度低于 0℃，被霜打过的枝条很快会发蔫，随即枯萎。这个品种一旦受冻很难救活，即使在你发觉后马上将它们移到温暖的地方，或许接下来的几天不会继续枯萎下去，但是一旦到了春天温度回暖，就会发现它们都“耷拉”下来了。所以冬季的保暖措施不容忽视。春、秋季节是它们的生长旺季，此时不妨增加浇水的次数，或者多向植株四周喷洒些水，提高空气湿度。施肥可以用含磷、钾肥为主的化肥。

繁殖培育

家庭多用扦插法，我们可以在生长季节将整形时修剪下来的枝条作为插穗使用，长度为 5 厘米左右的中段枝条最容易成活。扦插的介质可以采用蛭石，这样插后保持土壤的潮气，2 ~ 3 周可生根，且成活率非常高。

雅乐之舞的名字其实是从其日文名字中翻译过来的，它的中文名字也叫花叶马齿苋或花叶银公孙树、花叶银杏木。它是从日本引进的马齿苋树的斑锦品种，马齿苋属只有一个原始种：马齿苋树（现在很多花商为讨个口彩也叫金枝玉叶），常见的有 2 个变种，还有一个叫雅乐之华，和雅乐之舞不同的是它的小叶中央呈粉红色或乳黄色，边缘为绿色，栽培不是很广泛。雅乐之舞因为色彩明快，且耐修剪、容易造型，是不可多得的多肉植物品种。深受花友的“追捧”。

马齿苋树
（pepo 供稿）

花友秘籍

栽培中的常见问题

①问：刚买回来的植物为什么没几天会掉叶子，而且叶片会起皱？

答：看看它是不是新上盆的植物，若刚上盆的植物，会有个适应过程。此时土壤要保持“见干见湿”。将其放在半阴环境下调养，最好不要让其突然接触阳光的直射。待其新叶开始出现萌动的迹象，方可逐渐增加光照。

②问：为什么在日常养护中会落叶？

答：若是少量的老叶脱落，这是植株正常的新陈代谢。若大量落叶，这和土壤板结、浇水过多、温度过低、施了浓肥都有关系。还要结合自身的情况看，出现上述问题应该将植物从盆中倒出，先检查一下根部是否有问题，重新换新土后在半阴处观察 1 个月。

③问：根部枯萎该怎么救治？

答：浇水过勤和长时间的干燥都会导致烂根。一旦出现这样的问题，要马上剔除烂根、空根。先将植株放在干燥、通风的环境，待伤口晾干后，用洁净的植料上盆，注意不能添加肥料。第一次定根水可以用根腐灵对水浇灌根部，先在半阴处调养。待新芽有萌动迹象，再转为正常养护。

斑叶爱之蔓

萝魔科
吊灯花属

形态描述

植株具蔓性，心形叶，全缘、对生。叶正面中央青绿色，叶缘颜色多变，主要有红、橙、黄这几种颜色，有时整片叶子呈黄色。叶背暗红色。叶长 1 ~ 1.5 厘米，宽约 1.5 厘米，叶面上有不规则灰色网状花纹。花生于节间，细长筒形。植株具肉质块根。

爱之蔓
（忻晴供稿）

生长习性

喜明亮的散射光，为耐半阴，怕水涝。适宜生长温度为18 ~ 28℃。对土壤适应能力适中。一般的沙性颗粒壤土即可。上盆时选用垂吊的盆，可以让它自然垂坠而下。

栽培管理

斑叶爱之蔓是爱之蔓的园艺变种。是吊灯花属中非常知名的一个品种。因为其成串的心形叶片，常被当做爱情的象征。也有人称之为吊金钱锦。栽培管理同爱之蔓大致相同。对于光线的要求不是很苛刻，家庭栽培朝南或朝东的窗台就可。一般生长季节要保持充足的光照，这是能否保持其叶片颜色丰富多彩的关键。夏季稍遮阴，但是高温、多湿的环境很容易烂根。很多人认为此类纤细的植物是经不起烈日的考验。多年“朝夕相处”下来，我感觉它还是能抵抗夏日灼热的阳光，这和植物的自我保护功能有关吧。强光下植株的颜色会变成暗红色，且叶片排列非常紧凑，几乎看不见茎。甚至叶片的宽度会明显缩小，厚度倒增加不少，这些措施能很好地减少受光面积。我并不是鼓励大家这样做，夏季还是要有一定的遮阴。冬季生长基本停止时要有充足的阳光，这样不但能提高温度，还能防止植物徒长和颜色淡化。

我们希望自己买回来的植物能一直保持光彩照人的身姿，那就需要在水肥的管理上下点工夫。有些斑锦品种，给我们的第一感觉就是比原种要难伺候。生长缓慢不说，水多了容易烂，水少了又干瘪瘪的。肥不能多施，施什么肥很有讲究。其实斑叶爱之蔓倒不完全这样，一般生长季节给予充足的水分，它们的表现和原种几乎没有什么差别（当然首先要在控制好通风和一定的光照的前提下）。冬季低温的时候就要保持干燥了，待盆土干透了再浇。斑叶爱之蔓对于低温也有一定的忍耐力，我家南面封闭阳台冬季的最低温度在晚上有时会降到3℃，没有任何保暖措施的它们也没有出现冻害。我想如果是块根明显的成年植株可以不用担心

3℃左右的温度，控制好水分就可以了。若是一些秋季刚扦插成活的小苗则要小心对待。

至于施肥方面，首先不能用含有氮素的肥料，尤其是那些油性的饼肥，这样很容易让叶片的颜色淡化、褪色。最终和原种也没什么两样了。所以，还是建议大家使用针对性强的富含磷、钾素的无机化肥。可以在生长季节对植物进行叶面追肥，我常用的是爱施牌叶面肥，可在生长季节每隔 7 天喷施一次。

繁殖培育

家庭繁殖可以采用扦插或块根繁殖。春、秋季时，取植株中段的茎节 4 ~ 8 厘米，保留植物的 2 ~ 3 对叶扦插，这样的成活率非常高。太嫩的茎节不容易成活。扦插介质要保证疏松透气且不含养分，一般蛭石、细沙都可以，插好后放在半阴湿润的环境。温度合适约 20 天左右可以生根，1 个月后即可让其逐步接受光照。也可直接将块根浅埋入介质中，保持土壤微潮，不久萌发新根后就变成一株独立的植株了。

病虫害防治

斑叶爱之蔓很少有病虫害，在栽培时要注意空气湿度的把握。尤其是夏季闷热潮湿的状态，此时湿度过高容易引发炭疽病，通常在斑锦部位最先出现症状。

花友秘籍

关于叶面肥

叶面施肥又称根外追肥。它的主要作用是弥补土壤施肥不足，促进植物营养平衡。它的优点是用量少、肥效迅速、显著，也不会受到根系吸收功能的影响。我们在施叶面肥的时候要注意以下几点：

①一定要以雾状水喷施，选用的喷壶嘴越细越好，能使

水分更均匀地分布到植物叶片的各个部位。

②最好要均匀地喷在植物的叶背，这样才更容易吸收。因为植物正面的叶片内细胞是栅栏组织，吸收能力差。而叶片背面主要是海绵组织，药物能被很好地吸收。

③气候、风速和溶液停留在叶面的时间都会影响施肥的效果。因此，根外追肥应在天气晴朗、无风的下午或傍晚进行。

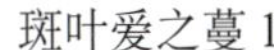

斑叶爱之蔓 1

斑叶爱之蔓 2

心情文字

和错综交织的枝蔓不同，叶子总是一成不变地证明着自己。就像在人生的旅途上，无论何时或是何地，成功或是失败，高兴或是沮丧，失意或是得志……唯一不变的是要保持一颗平常心。正所谓“宠辱不惊，看庭前花开花落；去留无意，望天空云卷云舒”。

琉璃殿

百合科
瓦苇属

形态描述

卵圆状三角形叶呈莲座状排列，向一个方向偏转好似风车一般。叶先端急尖，正面凹、叶背凸。叶为深绿色，叶表面密生瓦楞状横凸纹。总状花序长 15 ~ 40 厘米，花小，灰白相间。蜜腺发达。花期为 4 ~ 6 月和 9 ~ 10 月。

琉璃殿锦 1

琉璃殿
（三潭印月供稿）

生长习性

琉璃殿原产于南非德兰士瓦省。喜温暖、干燥、通风良好的环境。耐半阴，怕积水。夏季高温有休眠倾向，冬季温度保持 5℃以上。要求在疏松、透气、排水良好的沙质壤土中生长。

栽培管理

家庭栽培琉璃殿一般以泥炭和粗沙为主，再添加一些其他材料，如砻糠灰、珍珠岩、蛭石混合而成的介质较为理想。常用配比为3份泥炭+3份粗砂+2份砻糠灰+1份珍珠岩+1份蛭石。这样的介质除了能满足植物的疏松透气的要求，也有利于地下茎的抽发，对不定芽的生长也很有好处。选用的盆最好是直筒的紫砂盆。相比泥盆的笨重和塑料盆的不透气，紫砂盆兼具了美观和透气的优点。上盆时盆底的透气孔上应盖上一层纱窗，再铺上排水层和培养土。

琉璃殿对于光线的要求一般，以柔和的散射光为好。但是要想得到排列紧凑、叶色黑绿且肥厚、多汁的株形，首先要抓好光照这个环节，因为一旦光过于强烈，叶色就容易变红（这是植物在向你发出警告的信号），而且强光也很容易造成叶尖的干枯。甚至会在叶片上留下黑色病斑（也有人称之为日灼病）。相反长期得不到充足的阳光会使植株徒长，叶片排列松散，叶片颜色变淡。若是在生长季节不能保证光照，再一浇水，植株用不了多久就会“走形”。

水分供应上要结合温度和光照，一般生长季节又有充足的光照可以相对多浇点水，夏季随着气温的不断走高，要逐步减少浇水的次数，但是夏季也不能完全断水，这样的后果是致命的。因为只要做好正确的防护措施，它们才不会出现明显的休眠。这需要我们协调好水、空气、温度等因素，而彻底断水则是行不通的。正确的做法可以将其放到高大植物下或遮阴网下，最好能保证通风，夏季每次浇水可以在午后5～6时进行，方能无碍。同样冬季植物生长缓慢也要控制相应的水分，保持土壤偏干即可。

肥料方面相对本属的其他品种琉璃殿更好肥且喜欢有机肥，常施有机肥的植物叶色多有光泽且饱满。施肥多在春、秋两季进行。如无条件自制有机肥可以到花市购买一些已经充分发酵的颗粒肥料，翻盆时填埋于盆底。或者是一些液态的有机肥按要求对水后浇灌。这样既省心又安全。

繁殖培育

扦插后需要一定的空气湿度。叶插的优点是取材方便，不过通常这样的幼苗成型需要至少 2 ~ 3 年的时间。若是没有经验的爱好者可以在春、秋两季利用植株基部萌发的小苗或不定芽扦插，成活率非常高！

琉璃殿还有一个变种——琉璃姿，和前者不同的是琉璃姿叶面没有瓦楞状的褶皱，取而代之的是点状的突起。光线强烈的环境叶片呈咖啡色，非常有特色。琉璃殿斑锦品种——琉璃殿之光，叶片上不规则纵向黄色条纹也很漂亮。

琉璃殿锦 2

病虫害防治

家庭栽培偶见虫害。常见的病害有炭疽病。发病初期多为红褐色小斑点，后期感染部会扩散，颜色也变成黑褐色且多呈轮纹状排列。一般用 50%的退菌特 1 000 倍和 75%的甲基托布津 1 000 倍轮换交替使用，7 ~ 10 为一个疗程，要连续喷 3 ~ 4 次。

花友秘籍

有机肥

①什么是有机肥？有机肥就是我们通常所说的“农家肥料”，栽培上常用的有机肥为厩肥、人粪尿、绿肥、圈肥、饼肥、土杂肥等等。不过我们家庭使用最多的是饼肥。

②有机肥的特点：有机肥是一种完全肥料，它含有植物必需的各种营养，能提高土壤的保肥、保水能力。有机肥是土壤微生物能量和养分的主要来源。我们施用有机肥，可以帮助土壤微生物的活动，微生物的活动加速有机肥料的分解矿化，释放养分。有机肥在分解过程中，会产生有机酸，这有利于土壤中难溶性养分溶解释放，提高养分的有效性，充分发挥土壤的潜在肥力。有机肥料在分解过程中可产生二氧化碳，促进植物的光合作用。它也具有化肥所没有的优越性。与无机肥相比有机肥含有多种养分，肥效缓慢且持久。因为有机质的含量多也能起到改善土壤的作用，此外有机肥的来源很广，价格低廉，家庭自制也很容易。

③家庭自制有机肥的取材：氮素含量高的材料如豆类、芝麻等一些油料作物；磷素含量高的材料有蛋壳、蟹壳、毛发等；钾肥含量高的材料如淘米水、烟灰。而以磷、钾素突出的有机肥非常适合仙人掌及多肉植物。如果是兑水发酵，我觉得要比在土壤中发酵花费更多的时间，最好放置 2 ~ 3 年再使用，这样是最安全的。

松　霞

仙人掌科
乳突球属

形态描述

植株易丛生，单个球体较小，椭圆形长筒状，直径约2厘米，高4～6厘米，球体呈褐绿色。疣状突起小，圆形。刺座上密布白色刚毛状周刺，刺35～50枚。黄色中刺稍粗，4～9枚。乳黄色钟状小花生于球体外侧，花径1.2～1.4厘米。果实鲜红，种子黑色。

（黄桃鹦鹉供稿）

生长习性

喜温暖、干燥、阳光充足的环境。栽培场所要保持良好的通风。不耐寒，耐干旱、能忍受强光。喜生于含有腐殖质且排水良好的沙质壤土。冬季温度不低于7℃。

栽培管理

很多人栽培松霞都是为了能欣赏它美丽的花朵和果实，那我们在栽培中首先就要保证有充足的光照，这对于花芽的分化和果实的形成非常重要。在栽培过程中要尽量定期地转动栽培容器，这是让植株更充分地接受到阳光，不要小看这一点，因为松霞非常容易群生，而且花朵又是围绕着球体外侧绽放的，如果你想让它开更多的花，这一点是非常必要的。如果你的栽培环境是露天的场地，能保证充分的阳光，那当然更好。栽培过程中松霞似乎对夏季的强烈紫外线并不“过敏”。整个夏季放在室外的阳台，也没有什么影响。不过对于上海的黄梅雨季我还是非常担心的，高温多湿是绝大多数“仙肉”的杀手。更何况是这种群生的仙人掌类植物，所以我的做法是，黄梅雨季干脆就放在南面室内的窗台上，并节制浇水。

其次提供更充足的养分也是确保开花的重要条件，当然也是开花坐果的保证，有过种植经验的花友应该知道，若植物生长良好其果实的颜色也会非常鲜艳，而且挂果时间很长。在肥料的选择上尽量使用富含磷、钾素的肥料。过磷酸钙和磷酸二氢钾都是可以使用的，生长期可以对水浇灌土壤。但是我不推荐长期、单一地使用这样的无机肥，因为这样非常容易让土壤板结，影响植物的生长。大家也可以去花市淘淘蚯蚓土，作为一种肥料混入栽培基质中，一般腐熟的蚯蚓土养分充足（磷肥含量稍低，可在生长期中施追肥补充)，适合多数植物的生长发育。

栽培介质

以小颗粒状的植金石为主的栽培介质应该是一个不错的选择。可以考虑以下配方：4 份植金石 +4 份仙土 +1 份蚯蚓土 +1 份麦饭石。若是想得到一个壮观的群生效果，到栽培后期可不必每年翻一次盆。我看过国外花友用大浅盆栽培的照片，非常壮观！植物的刺座非常的紧凑，球体贴地而生，整体造型酷似一个馒头。这应该是我们这些爱好者所追求的终极目标，不过这样的成功与栽种水平以及个人耐性都有着直接的关系。我想可能在一些高海拔、紫外线强烈的地方能更好地栽培这类植物。如果我们用浅口的紫砂盆栽培，那平时浇水也可省心不少，或许能减少因为水分过多造成的烂根概率。

繁殖培育

家庭常用播种分株和扦插繁殖。播种在4中旬至5月下旬进行，种子细小，采用浅盆播种，10天左右发芽。一年生的小苗要保持土壤湿润，万不可让土壤完全干燥！幼苗可以在当年秋季再移植。扦插以5月上旬至6中旬为宜，直接从母株上剥下子球，插于素沙中，成活率也很高。分株，3月下旬至5月结合换盆进行，将过于拥挤的植株分开栽培，分下的植株即使不遮阴一样非常容易成活。

松霞一般病虫害较少发生，栽培环境闷热、潮湿容易导致根腐病及茎腐病的发生，一般只能以预防为主。若见发病要坚决剔除患病部分，切除坏死组织后涂上硫黄粉，晾干后用新的培养土重新种植。

花友秘籍

巧用麦饭石养花

麦饭石其实很早就走入我们的生活了，最常见的是运用在观赏鱼的水质调节上。记得小时候，我父母在烧水的时候加一些麦饭石，目的是净化水质、吸附水中的有害物质。渐渐的，后来它也被作为一种栽培介质运用到花卉的种植中来。通过查找一些相关资料后得知麦饭石属火山岩类，其主要矿物质是火山岩。麦饭石被认为是5 000 ~ 7 550万年前火山喷射出的熔岩埋于地下，经过火山的高湿所产生的酸性物质以及地壳变动所产生的压力而形成。它可溶出对植物有用的微量元素钾、钙、镁及硅、铁、锌、铜、钼、硒、q、钛等微量元素，而且也能吸附土壤中的有害物质。虽然大规模种植推广成本较高，但家庭使用还是非常值得推荐的！除了能掺入栽培基质中，我们还可以将其放入浇水壶中，每次加水后放置半小时再进行浇灌，也能起到同样的功效。

在现在这个盛行以日本的赤玉土、鹿沼土、桐生砂、富士砂为主流栽培基质的时代，我觉得还是有必要将麦饭石推荐给更多的多浆植物爱好者。而且麦饭石在国内有多个产区，还是比较容易买到的，不过价格比一般的栽培基质要贵出不少。

心情文字

乳突球属中多数植物都是像松霞一样非常愿意开花，娇小玲珑的小花围绕着球体外侧成圈地绽放，甚是惹人喜爱。红彤彤的果实好似一个个夺人眼球的小辣椒，格外引人注目。若我们能提供适合它们的生长环境，作为回报它能在一年中的两季里给我们带来这“视觉盛宴”。

帝　冠

仙人掌科
菊水属

形态描述

植株多单生，原产地变态茎呈扁球状。具有粗大锥形肉质根，主根明显。球茎直径可达 12 ~ 20 厘米。青绿色三角形叶状疣突在茎部螺旋排列成莲座状，疣突背面有龙骨突。刺座着生于疣突顶端，刺 3 ~ 4 枚。植株顶端密生白色绒毛。白色小花顶生，短漏斗状，花径 2.0 ~ 3.0 厘米。种子黑色。

帝冠 1

生长习性

原产北美墨西哥东北部的塔毛利帕斯州维多利亚城附近山区，喜阳光充足和干燥、通风的环境。极耐干旱，忌涝。冬季温度不能低于 5℃。适宜生长温度为 20 ~ 29℃。好生于排水通畅、团粒结构良好且富含养分的砂质壤土。

栽培介质

帝冠已经是世界公认的一级保护植物之一，被载入濒危植物红色名录和濒临绝种野生动植物国际贸易公约。我们常见的都是一些园艺栽培品种。而且实生苗的生长非常缓慢。若是实生苗，栽培土壤可以考虑用 4 份植金石 +5 份赤玉土 +1 份砻糠灰的配方。很多爱好者会采用一些其他的栽培介质：鹿沼土、塘基石、火山石、陈墙土等等。不管用什么样的搭配，原则都是一样的，即栽培介质一定保持良好的排水性，同时具备一定的养分。若是嫁接苗，则按照接穗的生长要求配制土壤。通常嫁接苗的接穗都是以量天尺为主。这样的嫁接苗一般用 4 份泥炭 +1 份砻糠灰 +2 份蛭石 +3 份粗沙混合，栽培效果也不错。有些爱好者在实生苗上盆前先修剪一部分主根，这样做的目的是促使其萌发更多的新根。嫁接的种苗在生长到一定的时期都要"落地"，很多初级爱好者将接穗落地后没等生根就死亡了。我认为根是要"逼"出来。你提供一个很宽裕的环境，有时反而适得其反。而落地的植株最好要带上一部分砧木，让其在明亮干燥的环境下自然吹干，最后去掉干枯的肉质部分，只留一部分木质部。这时球体的表面会出现微微的褶皱，你也不用担心它们会因为过度缺水而死亡。此时再将他

帝冠 2

们放在微潮的基质上，给予半阳半阴的光照养护。通过这样的方式能提高成活率。

帝冠苗

栽培管理

平时日常养护中要保持充足的光照，但是夏季高温的不能将植物在阳光下暴晒，否则疣变成红褐色，而且植物会停止生长（这在幼苗阶段尤为明显）。当然过阴的栽培场所，也会使植物的球茎徒长，疣突变小。我见过它们在原产地野生状态下的照片，植物都是生长在碎石砾中，而且是紧贴着地面生长。这和我们人工栽培下的形态有些不同。我认为这同产地干燥的环境及强烈的紫外线密不可分。可以理解为是植物为了适应环境的一种自我保护行为。当然人工环境下栽培的球体多呈菠萝状（多见于大棚），这和宽松、舒适的环境有直接的关系。

在了解了这些初步知识后，我们在浇水的环节上，要做到生长期土壤干透即浇水，冬季低温时尽量保持干燥。很多爱好者在密闭玻璃缸中养殖。这样的确能提高植物的观赏性也能加速球体的生长。但是不得不提醒大家要经常打开盖子，让新鲜空气对流。如果晚上温度不低于5℃，完全可以打开盖子，从而为它们营造一定的温差，这样既能促进生长，又可避免球体下部因为长期闷湿的环境引发锈病。一般实生苗在栽培过程中，不推荐使用浓肥，这样不但不能帮助它们更快地生长，反而容易造成植物根系的腐烂。一旦根系发生病变，不论是肥害、病害还是其他原因造成的结果，都需要相当长的一段时间来恢复。所以，一般施肥都是薄肥勤施为好。

繁殖培育

常以播种和嫁接为主。播种，一定要异花授粉，只有如此才能提高成功率。通常果实成熟期很长，且受精率不高的。帝冠的播种发芽率很低，通常在 5 ~ 6 月进行播种为好，播种的温度要控制在 22 ~ 27℃，播后 7 ~ 10 天发芽，实生幼苗生长较成年植株更为缓慢，所以也有爱好者以养此类植物来检验自己的耐心。或者得到种苗后将它们嫁接在量天尺上，一般嫁接的时间在 6 ~ 7 月，嫁接的好处就是可以在一定程度上加速球体的生长。

另外一些变种的出现也增加了收集者的乐趣，比如球体带斑锦的帝冠锦和小叶帝冠缀化。不过这些品种的栽培难度比原种更大。

病虫害防治

帝冠常见的病虫害主要有锈病及介壳虫。病害还是以预防为主，发病初期可以用 65%代森锌可湿性粉剂 600 倍液喷洒，介壳虫防治可以用 50%杀螟松稀释 1 000 倍喷施。

花友秘籍

仙人球落生促根法

从三角砧木上取下的球体，最好能带一点木质部，一定要充分晾干伤口，直至球体有些微微起皱。然后找一个塑料瓶，剪去上半部分（瓶的大小没有什么要求，只要球放在上面不会落下去即可），并在剪口下2～4厘米处开个长条形的口子，目的是为了交换空气。然后将里面注入蒸馏水。将球放置在瓶口上，关键是球体不能接触到水。一段时间后你会惊喜地发现从基部萌发出气生根，这时再在土壤中栽培就非常安全。这种方法的好处是水不会和植物接触，降低了腐烂的概率。同时蒸发的水蒸气能提供一定水分，而且也很好地利用了植物根系趋水性的特点。此法能提高落地后的成活率。

心情文字

在刚接触仙人掌的时候就知道帝冠的大名，记得早前就是冲着它的“名头”和“光环”，兴冲冲地把它买回来的，当时还闹了个不小的笑话。人多少会有探求新鲜事物的欲望，就比如多浆植物爱好者对新、特、奇、少的品种总是很感兴趣。不过我当时对“籽播苗”和“嫁接苗”的概念还不清楚，直到把那棵嫁接苗买回来后心里还在嘀咕，为什么一级保护植物会有那么多，而且也很便宜。呵呵！后来才知道原来野生的帝冠是禁止买卖的。市场上出售的嫁接苗因为栽培周期短、成型快，所以价格也低。籽播苗就正好相反，所以价格要比嫁接的高不少！

姬红小松

番杏科
仙宝属

形态描述

多年生肉质矮灌木，株高 7 ~ 12 厘米。灰白色，茎干膨大、肥厚且多汁。分枝性强，枝条黄褐色，嫩枝绿色。绿色纺锤形小叶对生，小叶长 0.8 ~ 2 厘米。叶端丛生白色短细毛。小花桃红色，着生于枝条顶部。花期春、秋季。

生长习性

姬红小松原产南非，喜温暖、通风、阳光充足的栽培环境。适宜生长温度为 20 ~ 28℃，夏季高温时有休眠倾向。冬季过冬温度要求在 5℃以上。喜生于疏松且排水良好的沙质壤土中。

栽培管理

姬红小松也叫小松波，属于那种很容易打理的植物。有时你不需要将许多的精力花在它们的身上，这得意于它肥厚膨大的茎干和叶表面密布透明小点（贮水大细胞）。有时浇水过多反而容易导致它们烂根。一般的生长季节保持土壤微潮，同时保持一定的空气湿度，也能加速叶片的生长。若是冬季栽培的场所有很好的保暖措施，室内温度能控制在12℃以上，可以适当的浇水，它们同样会继续生长。但是当温度低于10℃的时候，尽量选择在阳光明媚的中午浇水。一到夏季高温，尤其是当温度超过30℃的时候，你要找个半阴凉爽的地方让它们“歇脚”，同时减少浇水的次数。每次浇水前一定要保证土壤是在充分干燥的情况下。

姬红小松喜欢光照充足的环境生长，这样它们的叶片颜色墨绿，肥厚饱满。夏季要稍稍注意遮阴，一旦栽培环境缺乏光照，会拉长枝条的节间，叶片也会变得稀疏。要想让它们能尽量多开花，光照就是首先要保证的环节。

栽培介质

对于栽培用土的选择可以考虑4份粗沙+3份泥炭+1份砻糠灰+2份仙土和少量贝壳粉的搭配。这样土壤排水性和养分得到一定的兼顾，非常适合它们生长。在上盆的时候，若是在盆底添加少量用鱼肚和蟹壳腐熟的基肥，对植物茎干的生长有很大的帮助。平时施肥要避开花期，可以在花谢后用800倍水稀释的磷酸二氢钾液肥均匀地喷施在植物的叶片上。也可以选择冬季的时候在盆面撒上一层草木灰补充钾肥。

繁殖培育

多以扦插为主，利用修剪下来的枝条可以进行扦插。在生长季节用当年生健壮枝5～6厘米，去除基部1厘米处的叶片，最好能带一点木质部，这样能提高成活率。插入用蛭石和珍珠岩混合的介质中，喷水湿润土壤及插穗，放在塑料袋里，扎紧袋口，放于半阳处。每天中午打开袋口，交换一下新鲜空气。待介质干后再喷水湿润，一般枝叶不萎蔫，2～3周便能成活。但是要得到满意的根部造型还需3～5年的精心栽培。

仙宝属有 30 ~ 35 个品种，不过在国内被广泛栽培的，通常除了姬红小松外，只能见到紫晃星 。这 2 个品种也是很好区分的：紫晃星的小叶更大，而且花也比姬红小松要大（据说在原产地可以看到 5 厘米的花径），而且紫晃星幼年的肉质茎不明显。此外值得注意的是有些花友会将姬红小松称为“稀宝”，这其实是错误的！稀宝其实是同属中的另一个品种，只不过两者有很多相似处，非常容易混淆。

姬红小松搭配一个古色古香的釉盆，陈列在窗前、花架、几案上，即使你没有盆景大师巧夺天工的手艺，同样能给你居家环境增加看点。

花友秘籍

姬红小松修剪的注意点

①修剪的时间：若冬季栽培场所温度很低，最好在早春进行，因为秋季修剪后萌发的枝条比较瘦嫩，不利于过冬。

②修剪的方式：姬红小松的修剪以疏枝和疏芽为主。一般很少采用强剪，这样不利于花芽分化。修剪时去掉虫病枝、交叉枝、重叠枝，使植株内部更易接受光照，增进空气流通，有利于植株健壮生长。

③修剪的切口一定要平整，修剪后伤口不要接触水分。

心情文字

喜欢姬红小松，是因为它没有多数番杏科植物那样的矫情，却依然能用它那粉红的花朵打动人。秋季的下午，当无意中发现它们将雏菊般的小花，播撒在油绿油绿的枝头上随风摇曳，你会随着它的节奏，走入儿时模糊的童话仙境。当然时间不允许倒流，我们也不会回到无忧无虑的童年。但是心却可以随着这舞动的节奏重拾起儿时的天真、烂漫。

虎之卷

百合科
鲨鱼掌属

形态描述

舌形肉质叶。幼年多呈互生排列，成株后排列不规整。叶墨绿色、全缘、椭圆尖头。叶表较光滑且密布不规则白色斑点。总状花序长 15 ~ 30 厘米，小花橙红色。

虎之卷
（三潭印月供稿）

生长习性

习性强健，喜温暖、阳光充足的环境。耐半阴、耐干旱、忌涝。对土壤要求不严。冬季能够耐一定的低温，夏季高温季节休眠不明显。生长适宜温度为 18 ~ 30℃。

栽培管理

这是一个很早就引种到中国的鲨鱼掌属的品种。可以说只要是多肉植物爱好者无不知晓其“大名”。其中还有非常适合初级爱好者栽培的著名变种：迷你型虎之卷——子宝。之所以有这样高的“知名度”，有赖于它美丽的外表和极强的生命力，而且它的生长速度非常快，包括适应环境的能力也是非常突出的（相比较鲨鱼掌属的另一个品种卧牛，则是大家公认的生长速度比较缓慢的代表）。如今通过一些爱好者的不断杂交选育，也诞生了不少的优良品种，如：富士子宝、美玲子宝、奶油子宝、子宝锦、锦纱子宝等等。

富士子宝

长不大的小型种，叶片具纵向的白色缟斑，极具观赏性。生长速度不及子宝。

栽培介质

虎之卷对于土壤的要求不是十分的苛刻。微酸性到微碱性的土壤都能生长，更难能可贵的是它也能在贫瘠稍板结的土壤上存活。我看到有些爱好者将它们种植在纯山泥中，也可以维持其生长。但这并不代表我们要用不利于植物生长的土壤去考验它们。

虎之卷锦

为它们提供一份肥沃而排水良好的栽培介质就能使它们快乐的成长。这里推荐的植料配方：3份过筛的小颗粒仙土+3份粗砂+3份泥炭+1份砻糠灰。当然也可以在上盆的时候在盆底放置一些基肥。这个品种也是比较喜欢有机肥的，通过这样的方式可以使叶片的颜色变深，叶片的厚度也会增加，同时也更容易萌发侧芽。当然，有些花友认为自己不能掌握有机肥的量，也可以在植料中添加一定量的缓释性颗粒肥料，即可在很长一段时间内满足植物的生长。

它们对于光线的要求是温和的阳光。除了夏季要稍稍遮阴外，其余的时间完全可以让它接受阳光的“洗礼”。在这种环境下栽培的植株往往更富有活力，叶片也更短厚、光亮。若你的栽培环境不能保证很充足的光照也没关系，虎之卷也是比较耐阴的，所以一般的北阳台也能栽培此类植物。

不过水分的管理可不能像前两项那样随意。毕竟它肥厚多汁的叶片本身就储存了一定的水分，也不要忘了它们肉质根的存在。毫无节制的浇水会让它们无法忍受，这样也很容易烂根！所谓根深叶茂，要得到一个品相较好的植株，一定要从养根开始。生长季节可保持土壤湿润，其他的时候要干透浇透。这里介绍一种简单检验根部健康程度的小方法：我们不可能时不时地通过翻盆来检验根系是否健、是否又烂了几条根。在种植成活后的一段时间里（3至5个月）可以轻轻摇动植株地上部分，如果根系良好那手感会很紧，若还是很松散甚至有“摇摇欲坠”的感觉，那说明根系发展还不是很好。一些老盆口的植株可以拎起地上部分也不会使盆掉落，这说明根系已经发展得非常好。

繁殖培育

这类植物很容易从基部萌发新芽，繁殖可以分株为主。从基部萌发的侧芽长到4片叶时，就可将它们分离单独种植，一般除了夏季和冬季外，其余的时候进行分株繁殖非常容易成活。

病虫害防治

家庭通风环境种植虎之卷几乎难见病害，只有在大棚种植时偶见黑斑病，这多是因为环境不通风再加上闷热、潮湿所致。家庭栽培在发病初期可选用75%甲基托布津可湿性粉剂800倍液，或50%多菌灵可湿性粉剂1 000倍液，或70%甲基托布津可湿性粉剂800倍液进行交替喷施。

既然我在前面已经谈到了鲨鱼掌属的卧牛，这里也非常有必要对它们进行区别。外形上看卧牛多数都是以单生为主，成年的植物会有为数不多的侧芽，这和虎之卷有很大的不同。还有就是卧牛的叶片非常粗糙，叶片上密布疣点。而虎之卷的叶片相对比较光泽。另外，我注意到很多爱好者会将虎之卷和子宝混淆，其实要区分它们也是很容易的，子宝会一直萌发侧芽，而它的母株就会显得不甚明显。虎之卷则能很容易地判断哪个才是母本。

花友秘籍

缓释肥——种植多浆植物不可缺少的肥料

缓释性肥料是指能减缓或控制养分释放速度的新型肥料。它的外表常常会有一层黄色“包膜”，通过包膜扩散或包膜逐渐分解而释放养分。当肥料颗粒接触潮湿土壤时，肥料便会吸收水蒸气，于是水溶养分开始透过包衣上的微孔缓慢而不断地扩散。特点是不会因为一次性大量使用出现“烧苗”的情况，能满足植物整个生长期对养分的要求。在水中溶解度比较小，这就意味着营养元素在土壤中能做到缓慢的释放，减少了营养元素的损失而且缓释肥肥效长期、稳定，能源源不断地供给植物在整个生长期对养分的需求，家庭使用既简单、方便又安全、清洁。而为什么说它是种植多浆植物不可缺少的肥料呢，因为缓释性肥料不会受到土壤 pH 的影响，很多多浆植物的栽培土壤要求中性或微碱性，如果是单一的使用常规的肥料，肥效会受到土壤 pH、微生物活动、土壤中水分含量、土壤类型及灌溉水量等因素的影响。而缓释肥却不会因为环境的变化而导致养分不能被植物最大限度利用的窘境。我想如果你已经意识到这一点了，就该马上去选购一包称心的缓释肥了。

大和锦

景天科
石莲花属

形态描述

叶广卵形至三角卵形、多汁、呈莲座状排列。叶片全缘，先端急尖或渐尖，边缘具红色条纹。青灰色叶面散布不规则红色斑点，花橙红色，花序高 15 ~ 20 厘米，花期为夏季。

大和锦 1
（三潭印月供稿）

大和锦 2
（三潭印月供稿）

生长习性

原产墨西哥，要求充足的阳光，生长期要求一定的空气湿度。耐干旱、稍耐寒，冬季干燥环境可以忍受 3 ~ 4℃的低温，夏季生长迟缓、有短暂休眠。好生于疏松、透气的砂质壤土中。

栽培管理

大和锦是石莲花属知名度很高且很受欢迎的一个品种。排列紧凑的叶片所形成的莲座外观是它的一大“卖点”。因习性强健很适合初学者家庭种植，不过要保持美观整齐的莲座造型确要下一番工夫。我们从花市买回来的植株一般都是 1 ~ 2 年生的苗，这时叶片数量还不多，保证充足的光照，控制好水分的供应，就能有很好的造型。随着种植周期的延长，叶片数量的增多，能做到这一点就要很好的协调光照和水分的关系。生长期在阳光充足的条件下，要保证土壤湿润且要求一定的空气湿度，这样的好处可以使叶片饱满有光泽。而且春、秋两季要每隔 10 天施一次有机追肥或无机化肥，具体的做法：春、夏季将充分发酵后的淘米水（一般发酵时间 15 天左右，温度高可缩短发酵时间）按 1 ∶ 1 的比例兑水浇灌植物根系，不可淋在植物上！也可以使用颗粒复合肥做追肥。

夏季植物会有休眠的倾向，若温度超过 35℃，就要考虑适当遮阴。不过我感觉这个品种在石莲花属中算是比较耐高温的，前提是我们的栽培土壤要保持干燥。冬季南方室内即可过冬，此时要稍稍注意控水，我的那棵大和锦在最冷的“三九天”里是完全断水的，最冷的时候晚上只有 0℃，但对它却没有什么影响。在栽种时宜选大盆口的浅紫砂盆，这样考虑是因为植株的根系很纤细，水分过多很容易烂根。选择大口径的浅盆容易干透而且也很美观。

繁殖培育

大和锦的繁殖较简单，常用叶片扦插为主 。春季可选取底部肥厚健康的叶片进行操作。一般 25 ~ 30℃的温度 20 天左右可生根，1 个多月可萌发新芽，多时一张叶片就能得到 3、4 个新芽。叶片的扦插要注意几点：①用做扦插的叶片要求是完整的叶片，不能用剪刀分离下来，要用手掰下来。这是成活与否的关键！②扦插最好是将叶片平铺在土壤上，一方面可与土壤充分接触，也有利于以后新芽的萌发。③一定要保证通风的环境。④扦插的介质要保证干净、疏松。最好事先在阳光下暴晒几天。

病虫害防治

石莲花属的植物偶有虫害，大和锦也是如此。但是有些花友种植这种类型的植物还是会出现烂根的情况，这和水分的控制有着很大关系。也可以称之为“生理性病害”。水多则涝、久涝则易病，有时过分的“溺爱”反而会让你的植株“仙逝”。我的理解是更多的时候是粗放的管理，只是某个时间段要多关心一下它们。生长期的水肥管理我们可以多一点照顾。炎热的夏季有遮阳物的保护和寒冷的冬季只要能保证5℃的温度，哪怕是间隔十多天再浇次水也不会有什么问题。

大和锦配上一个紫砂盆，摆上一个古色古香的木制花架。陈列于案头、窗台、书架别有一番风味。

这个品种现有2个我们熟知的园艺种——大和之光是大和锦的斑锦品种，可惜的是现在在国内要找到这个品种还是有一定的难度。还有一个则是叶形更短小，迷你的小和锦，但是它的受关注度似乎不及大和锦。

大和之光

小和锦

花友秘籍

自创空气增湿法

我觉得在这里介绍自己原创的“zz空气增湿法”还是有必要的，一些石莲花属的爱好者一定知道这类植物的栽培土壤，有时可以相对偏干燥些，但是它们对于空气湿度的要求却不是那样随意，尤其是在生长季节！我们不可能做到每天时不时地提着个细嘴壶喷雾，也会担心一直将它们套在塑料袋中会不会发生“意外”。其实我这办法也非常的简单，就是在盆托的底部放置一块大小适中的插花花泥。要注意的是这里仅指鲜切花的花泥（因为干花泥是不吸水的）。在使用之前可以先将它们完全吸透水，放置在盆托上，这样水蒸气会缓缓向上蒸发，从而达到提高空气湿度的作用。这个办法最大的好处就是省力而且很容易掌握。其实扦插也可以在花泥上进行，将一些“打头”的石莲花属植物先在半阴处晾干伤口（这很重要），然后在花泥上用手指摁一个小洞，深浅掌握还是要让植物的底部和花泥的上部保持0.3～0.5厘米的空隙，目的是能让气生根在空气中生长。平时你可以不浇水，等到花泥干了，将其完全浸在水中吸水。待看到气生根长出后再移植，成活率会非常高！

心情文字

原来从事过一段时间的花艺工作，让我有机会接触到花泥。在我们眼中似乎也只有在创作花艺作品的时候才想到“小配角”，也还可以被挖掘出更多的用处，我想这还是印证了一句老话“生活在于发现”，同样我们的种植体验若是能更多的带动些思考、发现，不是一样能给我们的生活带来乐趣吗？

宝 草

百合科
瓦苇属

形态描述

多年生肉质草本，易群生。叶绿色，呈轮状丛生。长 3.5 ~ 4 厘米，宽 1.0 ~ 1.4 厘米。叶顶端呈三角形，透明或半透明状。有纵向脉纹，总状花序长 12 ~ 20 厘米，小花白绿色。

群生的宝草
（三潭映月供稿）

看得出这颗植物有些年头了，能有这份耐心，说明它的主人是个真正的爱花之人。有些人会散尽千金为求一颗珍稀品种来“撑门面”，并天真地自诩为“大仙”。这完全是人的虚荣心在作祟！而也有人不以金钱来衡量植物在他们心中的价值，我想这才是让人折服之处。

生长习性

喜温暖、通风、光线明亮的栽培环境。耐半阴、不耐强光、忌涝。生长期要求一定的湿度，适宜生长温度为15～28℃。冬季过冬不低于5℃。要求在肥沃、疏松的沙质壤土中生长。

栽培介质

最好是以粗沙和泥炭为主。常见的配比：4份泥炭+3份粗砂+1份珍珠岩+1份砻糠灰+1份仙土。不推荐使用园土和山泥，因为十二卷类很多植物的根系都是肉质根，大量使用普通的山泥对根系生长不利。现在家庭栽培可以用种植兰花的小颗粒仙土来取代传统配制中的山泥和园土。上盆的时候可以在盆底适量添加一些基肥。我感觉通过增施一些有机肥能促进萌发侧芽。如果是在温室种植槽栽培的宝草，根系通常都是非常强壮的、且呈放射状向四面生长。家庭栽培常用塑料盆和紫砂盆，以使用直筒盆为主。上盆前要在盆底铺设一层排水层。

栽培管理

宝草对于光线的要求不是非常严格，但这不意味着它们已经到了“无求”的境界。还是要提醒那些初级爱好者，强光不完全适合此类植物的生长，除非是寒冷的冬季。哪怕是生长季节也尽量要将它们放置在有散射光的明亮场所。这样的好处是能保持良好的株形。在半休眠的夏季则要保持半阴的环境。用玻璃缸栽培的花友可以在玻璃上贴上一层硫酸纸，能够阻挡一部分光线，此种栽培方式同温室栽培的效果几乎没有什么差别（还能在一定程度上提高“窗户”的透明度，但是千万别指望能达到玉露的效果哦）。其次东窗和南窗也是不错的选择。对于刚上盆后的植物不要马上暴露在阳光下，最好在半阴处缓苗，1个月后可以视情况逐步

增加光照。

宝草的肉质化程度很高，平时一定要在土壤完全干燥后再浇水。我们常说生长期“干透浇透”，但并不代表要让土壤保持完全干燥的状态很多天后再浇水。虽然宝草也耐干旱，但没有必要用这样的方式去“考验”它们。我觉得应该改为干透后马上浇透，这样比较适合生长期水分管理的要求。至于低温期可以延长浇水的间隔天数。夏季也不能长时间地断水，否则会让植物的元气大伤，秋季需要更多的时间来恢复。

植株在幼苗阶段通常都是以单生形式为主，一段时间后会从基部萌发很多不定芽。我认为肥料也是它们不可或缺的。尽管有些花友从来不施肥，植物也不会出现危机，但是这并不能得到饱满、翠绿的造型。一些斑锦品种在肥料的选择上要非常的谨慎。一般常见的肥料如：复合肥、腐熟的豆饼肥都是不错的选择。不过要做到“宁缺毋滥，忌施重肥”的原则。没有节制的给植物提供过多的养料会导致植物畸形，甚至烧死植物。施肥的时间要在春、秋两季进行。

宝草锦

繁殖培育

最常采用的方式就是分株，从母本上分离下来的幼苗，若是有根系可以直接上盆并放在半阴处 15 ~ 20 天，后逐渐转入正常养护。若是没有根系的幼苗可以先插于素沙上，保持一定的空气湿度和微潮的介质状态，也很容易生根。

宝草还有一个变种——宝草锦因为其叶片上黄白色的纵向斑锦更具观赏价值。

花友秘籍

为什么要用仙土代替山泥和园土？

我发现国内有些专门生产繁殖多浆类的大棚种植户，在多浆植物土壤配制时会使用到圆土或山泥（一些价格低廉，习性强健的品种特别多见）。但是随着雨水的冲刷和栽培周期的延长，这种基质往往不能保证很好的团粒结构。久而久之土壤的排水性会变差，土壤开始板结。继而开始影响植物根系的生长。我想他们并不是不知道这一点，主要目的还是为了降低成本。但是，家庭小范围的栽培就可以不考虑这一点成本。建议栽培基质中用仙土替代园土和山泥，因为这样就不用担心上述的问题，哪怕是在 1 ~ 2 年后。因为仙土它自身的凝结力好不易松散，养分含量充足。同时又有良好的保水、透气性，不板结，而且无细菌（我知道有些观赏鱼爱好者用仙土作为栽培基质来种水草，从这一点就可以看出它的优良特性）。仙土以前大量用作兰花栽培的主要介质，当然现在也作为一种辅助材料用到仙人掌及多浆植物的栽培上！不过仙土自身 pH 呈微酸性，在配制上最好控制在 10% ~ 30%。也不是任何仙人掌及多肉植物都适用，关键还是看植物个体对土壤酸碱度的适应能力。不过瓦苇属的很多品种还是能够适应的，最好 1 ~ 2 年换一次土。我们可以在兰花专卖店找到它们。要提醒大家的是买回来的仙土先要过筛去除粉尘、杂质后用水浸泡 1 周，阴干后才可使用。这是因为干燥的仙土吸水需要一个很长的过程。因为仙土若是在完全干燥的情况下，单纯靠浇水是不能使其充分吸水的。

曲水之扇

记得有花友问这颗植物是不是一种杂交的宝草，其实该品种的拉丁名为 *Haworthia semiviva*，虽然也是瓦苇，不过和宝草却没有关系。“semiviva”应该是半死不活的意思。从文字上理解似乎它的抗干旱能力在同属中是比较突出的。

狗奴子

大戟科

大戟属

形态描述

多年生肉质小灌木，植株具灰白色薯状块茎、易群生。顶端生有灰绿色分枝、四棱形、棱峰生有2枚褐色针刺及1枚小叶。黄色小花着生于刺座顶端。体内有白色乳汁。

生长习性

喜阳光充足、温暖、通风的环境。耐干旱、不耐阴、忌阴湿环境。冬季过冬温度不低于7℃，适合生长在排水良好且肥沃的沙质壤土中。

栽培介质

狗奴子的茎干能储存一定的水分，所以在土壤配制上一定要选择颗粒状的基质。小颗粒的植金石和仙土是很不错的选择。最好能在保证排水良好的情况下适当添加一些腐熟的牛粪干。我自己的栽培基质是4份植金石+4份仙土+1份木炭+1份牛粪干。感觉效果还不错。关键是不能让盆土有积水，同时还要富有一定的养分。对于肥料我感觉这个品种也没太多的要求，一年不施肥，它们一样能很好地生长。可以的话，生长季节偶尔施一些磷、钾肥即可。

栽培管理

大部分时间我喜欢将狗奴子放置在室外的花架上面，这样能让它更好的生长，毕竟它对阳光还是非常“依赖”的。如果长期将它们放置在室内会使植株的枝干变得瘦弱，也不能储存更多养分来熬过休眠期。只有在高温季节要注意在半阳的环境中养护。

如果是用颗粒基质作为栽培用土，那也能给浇水带来便捷。我用上述的基质在通风好、温度适宜的季节一般 1 天浇一次水。这里要提醒大家的是，有的书上说浇水要浇到有水从盆底流出为止。我想这样的办法并不适用于颗粒植料，你会发现哪怕只是浇一点水，它也会从盆底“挤”出些水来，但此时水分只是集中在盆内局部的地区，其他的地方依然是干燥的。若长期如此，对根系的影响会很大，翻盆的时候你就能看见很多的空根。正确的做法是在盆土完全干透后，马上用水淋透，使盆内没有干燥的“盲点”。哪怕是那种“劈头盖脸”的大水浇灌，只要温度合适，还有适宜的光照、通风，你大可不必担心。这里再教大家一招：颗粒植料（尤其是植金石）在完全干透后浇水会发出很轻微的“吱—吱”声。你可以以此作为干湿程度的判断，然后在实践中去自己感受。

病虫害防治

在高温和不通风的环境容易引发煤污病和蚜虫。煤污病其症状是在小叶上形成黑色小霉斑，后扩大连片，使整个叶面、嫩梢上布满黑霉层。严重时影响光合、降低观赏价值。防治可以喷施代森铵 500 ~ 800 倍液，灭菌丹 400 倍液，交替使用 3 ~ 4 次。蚜虫用 50%杀螟松 1 500 倍液喷施，10 天一次。效果不错。

大戟科的一些植物很容易和仙人掌科的植物混淆，它们很多都是原产于非洲南部，植物的茎干多有变化。到现在也没弄明白“狗奴子”的含义，是不是和它那古怪奇特的块茎有什么关联。不过若是配上一个直筒盆和木制的小花架，放在书桌旁还是很有意思的。也有人叫它们“狗奴子麒麟”。我个人感觉这还是比较容易上手的品种。总结下来只要避免它的三怕“怕涝、怕阴、怕闷”，就能养好它。

花友秘籍

木炭的妙用

①木炭本身偏碱性，能调节土壤pH，这对于仙人掌及多浆植物非常重要。②适量混入栽培基质中能补充钾肥。③木炭自身具有一定的吸附性，土壤中添加适量的木炭能减少烂根的概率。木炭的取材还是比较方便的，若家庭使用也可以用砻糠灰代替，或者去观赏鱼市场购买那些过滤水质用的活性炭棒。我个人还是推荐多浆爱好者采用活性炭棒，因为其颗粒形态更适合种植多浆类植物。

心情文字

现在已经很难在花卉市场上买到中意的砻糠灰了，很多都是呈粉末状的形态，这不是我想要的！要知道烧制砻糠灰绝对是件费心的事：首先不能有明火，砻糠在烧制的过程中要不断地翻动，同时还要视情况进行喷雾。这样的工作绝对不是一个新手能胜任的。因为一旦产生明火，砻糠就会烧得发白（这就意味着你已经失败了）。我曾尝试自己烧制，不过都没有成功。不是火候太大，就是喷雾把火熄灭了。最终还是要请“老师傅”代劳。最近在网上看到有花友自己用铁锅“炒制”砻糠灰，也非常成功，可惜的是在家中操作有些困难。

情人的眼泪——弦月

菊科
千里光属

形态描述

多年生常绿草本植物，青绿色肉质叶互生，叶两端弯曲。茎纤细、匍匐状蔓生。头状花序，小花灰白色。果实为瘦果，成熟时先端长有冠毛。

（三潭印月供稿）

生长习性

弦月喜散射光，耐阴，好生于温暖湿润的环境。在疏松、透气的沙质壤土中生长良好。忌贫瘠、板结土壤。生长适温为15 ~ 25℃，越冬温度要求保持在5℃以上。

花友秘籍

绿之玲锦
（tiop 供稿）

很多人把这类肉乎乎、圆鼓鼓的可用于垂吊盆栽的植物统称“珍珠吊兰”，其实我们在花市上常见的有2种，除了弦月之外还有一种叫绿之玲。他们之间的区别在于：绿之玲的肉质叶呈豌豆形且叶片中间有一条透明的纵线。而弦月的叶子两端弯曲，犹如一轮明月。对于这类植物的称呼，还有很多混淆，如：香蕉草、情人泪、绿珠帘、一串铃、绿串珠、佛串珠等等。但是根据叶片形态上的不同，我们还是能够很容易的区分。根据我个人经验，判断两个品种最好还是从整体造型上看，因为有时弦月也会有类似绿之玲的叶片，不能因为有一张叶片非常相似而混淆概念。我家里种的，包括花市上买的，很多都是这个品种。相对绿之玲的娇贵，弦月更适应粗放的养护管理。这一点在夏天休眠的时候非常突出。不过在我看来相同条件的栽培环境下，绿之玲的整体造型更胜一筹。

栽培管理

弦月是典型的冬型种植物，生长季节是春、秋两季。冬天能保持10℃以上的温度也能生长。同时它们也能忍受短时间的2～3℃的温度，多年栽培下来我觉得这个品种倒是比较适合上海阴冷的冬季，这在多浆类植物中非常难能可贵！不过夏天则是它们休眠的时候，若此时温度超过30℃就要开始节制浇水，防止植株在高温多湿的环境里腐烂。若是温度进一步上升可以延长浇水间隔时间。我们知道休眠期的植物基本不生长，但是蒸腾作用还是在不断的进行，这段时间的消耗很大，但是不能盲目的“进补”，更不要施肥，即使是施肥也要等到休眠期结束后才能进行。在休眠期要尽量遮阴通风，保持不干不浇水的原则。为什么还要再次强调这一点，我觉得尽管它多数时间比较容易“服侍”，但是一到高温天气发生腐烂的概率是非常高的。通过观察我感觉到这与栽培用土和植株本身有一定关系，除去气候和管理因素外，以一些腐殖质为主的基质更容易发生这样的情况，包括一些板结的园土。另外生长茂盛的一些个体在不通风的环境极容易腐烂。我想用吊盆种植此类植物，让它们的茎自然下垂，不但能美化环境，而且在一定意义上也可以减少病害的发生。光照方面，弦月的要求不是那样的严格，透过玻璃窗的散射光非常适合它们。但是长期的阴养会拉长植株的茎节，破坏它们的造型，而且也不利于养分的储藏。因为提供植物生长发育所必需的养分，一定要通过光合作用，利用阳光的能量，将二氧化碳转换成淀粉再被利用。通常那些光照不足的枝条很难渡过寒冷的冬季。

栽培介质

在土壤配制上要遵循疏松透气的第一要诀，介质的配制应考虑以那些不易松散的材质为主，如：仙土和小颗粒的粗砂石等。上盆的时候要在盆底放置一层大颗粒的塘基石，以利排水。至于基肥，我还是不建议使用，因为这个品种的根系很纤细，水、肥多更容易烂根。

繁殖培育

基本采用扦插繁殖，一般在生长季节进行。温度在 18 ~ 25℃的半湿润环境，成活率非常高（这里指的是空气湿度）。因为弦月容易在节间萌发不定根，我们可以将枝条剪成 4 ~ 5 厘米的长度插在砻糠灰和粗沙混合的介质中，保持介质微微湿润，多向四周喷雾状水来提高空气湿度。

病虫害防治

一般以红蜘蛛和茎腐病较为常见，且多发生在夏季高温天。茎腐病的发生和栽培的环境密切相关，发现症状后要及时剔除受感染的部分，将健康的部分在通风、半阴的地方吹干后扦插，药物一般很难起到治疗作用。红蜘蛛在气温高、湿度大、通风不良的情况下，繁殖极快（1 年可发生 10 代以上）。家庭养花可以利用如下方法对红蜘蛛进行防治：①用柑橘皮加水 10 倍左右浸泡一昼夜，过滤后均匀地喷洒在植株的体表上；②点燃蚊香一盘（用香烟代替也可），置于病株盆中，再用塑料袋连盆扎紧，1 小时左右的烟熏，可杀死绝大多数的成虫或卵。

心情文字

刚开始接触这类植物的时候还是会将它们混淆，记得学生时代有一门树木课需要识别树种，任课老师不但会采集一些树枝和树叶让我们在课堂上识别，也会带我们去公园实地学习，每次看到一个新的品种都会先看整体特点再看细节特征，久而久之也变成了一种习惯。我想多少也是受益于这点，才让我最终分清楚它们“兄弟”间的区别。

这是一株弦月的斑锦品种，因为光线非常充足，所以斑锦部分微微有点发红。

弦月锦

白蛇殿

马齿苋科
回欢草属

形态描述

植株多见斜生或匍匐状，细圆筒状肉质茎，直径 5 ～ 7 毫米。茎顶端易分枝，且表皮密披鳞样银白色薄纸状小叶。白色小花着生于枝条顶端，花瓣 5 枚。种子黑色。

生长习性

白蛇殿俗称“雪嫦娥”，原产于纳米比亚南部，是典型的冬型种植物。生长期为春、秋两季，冬季控制在 10℃以上也能生长，干燥环境下能忍受 5℃的低温。喜阳光充足、干燥的凉爽环境。不耐阴、忌涝，适合生长在疏松、透气、排水良好的沙质壤土中。

栽培管理

白蛇殿是浅根性植物，对栽培环境要求的苛刻致使它们生长比较缓慢。我个人觉得要模仿原产地“阳光充足的凉爽环境”有些困难。冬季如果温度低于10℃几乎不生长。对于那些没有加温设备的爱好者来说，种植此类植物只有把希望寄托在春、秋两季中的一段时间，15～25℃才是适合它们生长的温度。当然你的栽培环境一定要有柔和而充足的光照，并保持良好的通风环境。你会发现当你协调好这些因素后，它们依然还是不温不火地在生长。并不是说它们只能在原产地生长，一旦离开就有会导致死亡。呵呵！这应该就是它们的特点。

栽培介质

种植时最好选择浅盆。在上盆的时候要尽量避免将细尘土落入它薄薄的小叶内。在栽培基质的选择上，可以考虑3份泥炭+4份粗砂+1份蛭石+1份砻糠灰和少量缓释性颗粒肥混合。如果考虑观赏性的话，可以在盆表面撒上一些黑色的石英砂。

夏季是它们的休眠季节，这时的工作主要以降低温度、减少光照和控制浇水为主。我们也不能将它们闲置在非常阴暗的角落不闻不问。夏季正确的养护措施首先是适度的遮阴，一般一层遮阴网即可。其次是保证栽培场所的通风，这也非常关键，一旦高温闷热容易导致它们腐烂。最后才是控制浇水，可以在盆底放置一个花盆托盘，里面铺满碎石。在非常炎热的时候，把水浇到花盆托盘中，一来可以降低温度，二来蒸发的水蒸气可以释放到盆中，是一个比较安全的做法。在其生长季节和冬季一定要有长时间的光照，对于有些爱好者喜欢将家里的多肉植物放在玻璃缸内栽培我觉得也是非常不错的选择。不过一定要记得定期的打开盖子。我个人认为太高的空气湿度不适合它们，这样可能会使小叶排列趋于松散。平时浇水一定要注意不要将水直接浇到植物的茎干上，水如果长时间停滞在茎干和小叶中间不能挥发，也会引起腐烂。寒冷干燥的冬季有些爱好者会用温水浇灌，也是一个不错的方法。不过随着温度进一步的走低，我们也要逐步减少浇水量。我要说的是冬型种植物不代表它在任何地方的冬季都能生长，实际栽培中还是要结合栽培场所的温度来决定如何浇水。

繁殖培育

以扦插为主，最好在秋季进行。选取 3 厘米以上的茎干作为插穗，晾干后插在素砂上，保持一定的空气湿度。有些时候我们急于要繁殖一棵独立的新植株，不考虑插穗的长短。这样的做法是错误的，太短的插穗会影响扦插的成活率。白蛇殿生根需要一定的时间，一般为 25 ～ 40 天。

病虫害防治

常见的有茎腐病，病菌一般从新根侵入植株，在植株根茎部产生黄褐色水渍状病斑，后变为黑褐色，引起根部腐烂，导致茎干变软倒伏。发病初期很难察觉，但是等到了后期再用药已经失去了最佳的治疗机会。所以在栽培时要避免高温潮湿的环境。发病后若还有健康的分枝可速剪取下来扦插，或许有成活的机会。

花友秘籍

我们不是经常能在花市上看到此类植物，哪怕是那些多肉植物专卖店中。许多回欢草属的植物比较容易栽培且习性强健。不过白蛇殿的特性倒和这些“亲戚们”显得有点格格不入，只有在栽培环境达到它们的要求时才会缓慢的生长。同属还有一个非常相似的植物：银蚕，也有人称之为妖精之舞。外观同白蛇殿非常相似，许多人容易将这两种植物混淆或者认为它们就是同一个品种。我们在区分这两种植物的时候要注意两点：①银蚕的小叶比白蛇殿的小叶要小一些，在有对比的情况下很容易看出来。②银蚕的茎通常只有 2 ～ 4 毫米，比白蛇殿更为纤细，而且分枝性更强些。

银蚕

心情文字

这是回欢草属中唯一让我痴迷的品种。曾经在国外的网站上看到多肉植物展览馆种植的一株群生白蛇殿的照片，非常的壮观！我觉得用“内外兼修”来形容它非常贴切。银白色的外套在黑色的沙砾中显得极为出挑！在原产地这样的外套可以反射一部分强光，甚至可以模仿鸟粪的形态，从而避免动物的啃食。想不到吧，它不但拥有一件华丽的外衣，而且还非常聪明。

韧锦

带有块根的回欢草属植物，和白蛇殿一样生长非常缓慢！也是爱好者收集的对象。

龙王球

仙人掌科
长钩玉属

形态描述

植株单生，圆球形至长圆筒形，球径 7 ～ 13 厘米，成年植株高度可达 20 厘米左右，球体暗绿色。具 12 ～ 13 个波状突起的薄棱且呈螺旋式排列、棱脊高。细针状周刺 12 ～ 15 枚，中刺 1 枚，尖端弯钩。周刺淡黄色至灰白色，中刺红褐色至褐色。春、夏季节顶生具金属光泽的黄色漏斗状花，花心鲜红色，花径 5 ～ 6 厘米，果实椭圆形，呈亮红色。

龙王丸
（锅盖供稿）

生长习性

习性强健，易栽培。喜光照充足、通风干燥的环境。耐干旱、忌涝。冬季干燥的环境可以忍受 0℃的短暂低温。要求在排水畅通、肥沃的沙质壤土中生长。

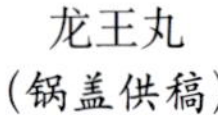

龙王丸
（锅盖供稿）

龙王丸
（锅盖供稿）

栽培管理

和其派头十足的名字比起来，它的栽培管理显然要“低调”很多。只要掌握几个关键的环节，初学者也能轻而易举地养好它。

水分管理上，我一直推崇“干养”，并不是说什么时候都要节制浇水，而是要看情况而定。从植物的生长周期来看，一般播种的实生苗，表皮很薄，生长旺盛。因此对水分的要求较高，我会根据温度的变化决定浇水的间隔时间。但是，成年的植株本身体内就能储存一定的水分，若栽培的容器较大，我会相对减少浇水的次数。从温度的变化来看，高温和低温都要节制浇水。虽然夏季不遮阴，植物不会受到影响，但是，我还是建议不要大水浇灌。冬季低温时则更要注意这点。至于生长季节，只要盆土完全干透就可以浇水了。很多时候仙人掌类植物不需要我们过分的“溺爱”，否则只会拔苗助长。为什么说它们是懒人植物，我想我们应该充分领悟“懒”字的含义。这是成功栽培的先决要素！

光照方面，我觉得一年四季都要让它们充分接触阳光，不用担心炎热夏季的毒辣阳光会“灼伤”它们。原产地决定了它们对抗强光的能力是非常出色的（注：龙王球原产美国得克萨斯州南部和墨西哥北部，那里气候炎热，冬季夜间有霜，紫外线强烈，干旱期长）。但是这需要一定的前提，就是栽培环境一定要保证空气的对流。因为家庭种植很多人会用玻璃缸栽培，生长季节的确能使球体更为饱满，但是高温天气一旦空气不流通，加之水分一多，很容易使植株腐烂。充足的光照也能为植物积累更多的养分，更有利于花芽的分化。

栽培基质

它们也没有什么特别的“要求”。记得姨妈家也有一株完全用园土栽培的龙王，在室外粗放管理，平时也只有在想到的时候才浇水，即使这样它也没有表现出什么不好的症状，依然正常的开花结果。当然作为一个爱花之人，我还是推荐大家使用排水良好的砂壤土做栽培基质。可以考虑用 4 份粗砂 +4 份仙土 +1 份砻糠灰 +1 份腐叶土。配合生长季节 10 天左右施一次很淡的有机液肥（发酵的淘米水、发酵的黄豆浸泡水都可以），就能很好地满足其生长需要。

病虫害防治

龙王球一般很少见病虫害，高温、多湿、不通风的环境会患腐烂病，可通过改善通风条件，控制水分来进行预防。若是已经患病的植株要立刻将其从盆中倒出，清理败坏的根系和腐烂的球体。然后在伤口上涂上适量的硫黄粉，将其放在半阴通风处吹干（一定要让伤口晾干）。哪怕是球体表皮已经起皱，也不用担心它们是否会脱水。此时将它们种在稍有潮气的土壤中，等过 1 周左右再浇水。见其有明显的生长迹象了，就可以逐步转入正常养护。

心情文字

我一直认为龙王球是一个非常值得引种的仙人掌类植物。虽然长钩玉属中仅有 2 个品种，但这并不影响龙王球的知名度。

我想这和它独特的外表不无关系，因为球体有的向左旋，有的向右旋，所以也被人称为“左右旋”。加之其花朵观赏性很高，花期也长，就连果实都很漂亮。这样一个球形奇特、既能观花又能赏果的品种早已经被广大仙人掌类爱好者广泛栽培。

花友秘籍

硫黄粉的妙用

原来在园艺场工作的时候就常使用硫黄粉防治白粉病。一般在高温、高湿和通风不良的情况下，一些木本花木容易发生白粉病，可使用硫黄粉和托布津、退菌特等杀菌剂，交替使用能非常好的控制病害，可以说用硫黄粉防治白粉病有特效。当然它同样可以被多浆爱好者采纳。简单概括几点供大家参考：①有时会因为浇水过多导致植物烂根，修剪烂根的时候可以在伤口上适当涂抹，可抑制植物汁液外流，防止病菌感染，促进愈合 。②一些肉质程度高的叶片扦插时使用，可预防插穗腐烂，促进愈伤组织形成，一定程度上可提高成活率。③对于仙人球患腐烂病后的一些伤口处理，硫黄粉能起到一定的预防作用，防止伤口的再次感染。

球　兰

萝藦科
球兰属

形态描述

多年生常绿肉质藤本植物，体内含乳汁，肉质叶卵形至卵状椭圆形，全缘、对生。叶亮绿色，具光泽。花腋生、聚伞花序，由 15 ～ 25 朵星形小花组成，似球形。花冠蜡质，花瓣呈乳白色或粉红色，中心为深红色，副花冠放射呈五角星状，花梗被柔毛。花期 5 ～ 9 月，蓇葖果线形。

（本页图片由水无情供稿）

生长习性

球兰原产于我国南方、东南亚及大洋洲。生长适宜温度在 18 ～ 30℃之间。喜温暖、湿润的明亮环境，高温季节忌阳光直射，冬季越冬温度应保持在 8℃以上，好生于肥沃、透气、排水良好的富含有机质的沙壤土中。

栽培管理

球兰是一个比较容易栽培的品种，如果你的栽培环境能达到上述的“温暖、湿润的明亮环境”，可以说已经成功一半了。在我看来这个品种非常适合于南面阳台种植，以我家的封闭南阳台为例：冬季晴天时能保持 3 ～ 4 个小时的光照，中午的温度在 10℃以上。而夏季阳光即使不会直射到室内，也能保持一个明亮的环境，尽管高温季节阳台温度高达 39℃，但是球兰并没有表现出什么不适症状。我觉得尽管春、秋两季是生长季节，但是养护工作也没有什么很特别之处，关键就是盆土干透后要马上浇透。马上二字非常重要！我们在水分管理上一直被灌输“干透浇透”的原则。对于球兰的生长期，如果是干透后拖延几天浇水的话，叶片马上就会给你些“颜色”瞧瞧！因为它们确实非常需要水分，尤其是生长季节。当然是在干透的前提下。只有冬季低温时我们才需要有意识的节水，并停止向叶片上面洒水。但是不可完全断水，否则，它们会因为过于干旱而枯死。至于夏季就更不能缺水了，在做好遮阴工作的同时，还要时不时地用细嘴喷雾来，提高空气湿度。可喜的是，我家南面阳台种植着不少兰花，夏季有一台电动加湿器一直在工作，既能给阳台降温，又能提高空气湿度。球兰在这样的环境中生长，岂能不好。

栽培介质

种植球兰应该使用微酸性的栽培基质，可以采用 5 份泥炭藓 +4 份粗砂 +1 份仙土，在盆底铺设的排水层上可适当添加一些有机肥作为底肥。采用这样的基质排水性不用担心，只是在夏天会比较容易干，需要更多的水分。我在花市看到那些商品苗通常都采用以泥炭为主，配合少量粗沙和珍珠岩的基质种植，也相当成功。如果你没有太多的时间去打理这些植物，也可以提高泥炭藓的比例。

选择栽种容器可以不拘泥于一般的吊篮、吊盆内，也可以使用插花的花篮，这样可以带来不一样的视觉效果，使其更富于欣赏性。我也看到有些爱好者将一张铁丝网拗成圆柱形，并放置在大口径的陶盆内，填上培养土后，在铁丝网周围种植一圈球兰，不出几年就能得到一盆极富观赏效果的盆景，非常值得一试。

繁殖培育

通常采用扦插和压条：一般在 4 ~ 6 月和 10 ~ 11 月剪取 3 ~ 4 节带叶壮枝梢（茎中段较佳）插入砻糠灰或蛭石中，若插穗带有花朵应事先摘除。保持基质湿润；在 18 ~ 22℃条件下能很快生根。压条在春、秋两季采用堆土压条，将植物的枝蔓弯曲后直接埋入土中，用钩子固定使其不翘起，保持土壤湿润。1 个月后可以在节间处萌发新根。比较适合新手操作。

病虫害防治

常见的有炭疽病和介壳虫。炭疽病和栽培环境有密切联系，过于潮湿和不通风都会导致发病，可以在发病初期喷洒 75%百菌清 500 ~ 800 倍；或 58%甲霜灵锰锌 400 ~ 500 倍。以上任选一种药剂，每隔 7 天喷 1 次，连续 2 ~ 3 次。介壳虫防治可以使用风油精 400 ~ 500 倍液喷洒，利用其强力渗透作用，杀死它们，同时还可防治其他多种害虫。

花友秘籍

球兰不开花的常见原因

很多花友们发现自己家里的球兰长势一直非常的旺盛，可就是不见花，或者只能看到零星的几枝花序。我总结了几点供大家参考：

①土壤过于板结，不透气。栽培基质过于黏重和长期不换盆很容易导致根系的腐烂，发生这种情况当然就不会孕育花朵。

②长期在过阴的栽培环境中生长。有些爱好者认为球兰喜欢阴湿的环境，故将它们长期放置在阴暗的角落。这样，植物最明显的特点就是营养生长非常旺盛。但是如果你要想欣赏到花的话，每天 3 ～ 4 小时的柔和光照是必须的。

③不施肥、施重肥、只施氮肥。庄稼一枝花，全靠肥当家，不提供更全面的养分，让植物开花确实有一定的难度。当然任何植物都不能施重肥，如果你的植物在施肥后出现叶片焦尖、脱落，就要考虑是不是施了浓肥。正确的做法应该是在花期前施用以磷、钾肥为主的肥料。

④不正确的修剪方式。有一些花友在植株开花后，嫌枝条过长，于是把它们短截；也有些花友会觉得花后残存的花梗碍手碍脚，于是将它们都剪掉。这些举动会直接导致植物不开花，因为球兰的花多见于枝条的上方，而且它们喜欢在同一花梗上开花。

垂盆草

景天科
景天属

形态描述

多年生肉质草本；不育枝和花枝细弱，匍匐生根，长 10 ~ 25 厘米。叶为 3 叶轮生，倒披针形至矩圆形，长 15 ~ 25 毫米，宽 3 ~ 5 毫米，顶端近急尖，基部有距，全缘。花序聚伞状，直径 5 ~ 6 厘米，有 3 ~ 5 个分枝；花少数，无梗；萼片 5，披针形至矩圆形，长 3.5 ~ 5 毫米，基部无距，顶端稍钝；花瓣 5，淡黄色，披针形至矩圆形，长 5 ~ 8 毫米，顶端有长的短尖；雄蕊较花瓣短；鳞片小，楔状四方形；心皮 5，略叉开，长 5 ~ 6 毫米。

（华国军供稿）

（华国军供稿）

生长习性

分布于吉林、辽宁、河北、河南、陕西、四川、湖北、安徽、浙江、江西、福建；朝鲜、日本也有。生于低山阴湿石上。喜湿润，较耐阴，耐寒、耐阳、耐干旱。南方地区可在室外过冬，适应环境能力极强。

栽培管理

在我以前工作过的温室旁，多年来一直种着一盆很大的垂盆草，一年四季都在室外种植，不论是在三九严寒还是高温酷暑的恶劣环境下，它们同样都可以转危为安。尽管冬季的积雪掠去了它们的枝叶，但待到大地回春、万物复苏的时候，它们翠色欲滴的身影一样会如期而至。在我所熟知的景天科植物中，似乎没有几个品种能有如此旺盛的生命力。听老师傅说，这盆垂盆草是苗圃成立初引种的，已经陪伴大家有好几个年头了，温室里的植物不断地更替，就只有它一直在见证着苗圃的发展。每年夏天，工人们会时不时地采摘一些鲜叶来泡茶去暑。也有不少同事会剪下些枝条带回家繁殖，或是分享或是自种。

我感觉家庭栽培可以做垂吊种植，主要以扦插为主，在 3 ～ 5 月或者 10 ～ 11 月扦插较为合适。一般扦插采用的枝条要选至少带有 3 ～ 4 节的中间段，长度控制在 7 ～ 10 厘米。扦插的方式主要是两种，一种可以去掉底部叶片，直接插于介质中，另外也可将枝条平铺在介质上，保持和介质的充分接触，这很关键。扦插的介质要疏松、透气，可以用黄沙，介质要保持一定的湿润。扦插很容易成活，且生根也快。等生根后，再定植到盆中。这里要注意的是，垂盆草为浅根性植物，最好在盆底放置一层大颗粒的碎砖作为排水层。土壤中可以添加一定的基肥让它们更快的长满盆面。推荐植料配制：4 份泥炭 +2 份蚯蚓土 +1 份粗砂 +1 份园土。定植成活后，生长期要给予充足的阳光，既能控制植物的高度，也可促进更多的分枝。通过 3 个月左右的精心养护，垂盆草的匍匐茎便可自盆沿垂至盆底，并把整个花盆包裹起来。

其他方面，土壤要干透浇透。花期在 4 ～ 5 月，一般开花前不要施肥，待花谢后补充一些磷、钾肥即可。也可用磷酸二氢钾 1 000 倍对水，浇灌根部。而生长季节一般使用尿素做根外追肥。日常养护主要是注意高温天和低温天。夏季土壤一定要保持干燥，长时间在高温多湿的环境下会导致烂根。

值得一提的是，同属中还有一个相似种——佛甲草。生长习性同垂盆草大致相同。

垂盆草俗称石指甲、狗牙齿、鼠牙半支。它作为一种广为流传的中草药，有清热解毒的功效。现在已经开始广泛应用到园林种植上。我们常见的屋顶绿化，可以它用做遮盖泥土；也可当作地被植物运用到一些街头绿地小景中；家庭栽培，极力推荐用垂吊盆栽种。一来充分利用垂盆草的蔓生性，二来垂盆草开花时也可用于观花。这样一种既廉价又美观、还有药用价值的植物，我们为什么不把它请到自己的家中呢？

花友秘籍

垂盆草的药用价值

垂盆草性凉，味甘淡，无毒。治疗咽喉肿痛、肝炎、热淋、痈肿、水火烫伤、蛇虫咬伤均有一定的效果。夏、秋两季采收，除去杂质，鲜用或干燥备用。注意：鲜品随采随用，干品置干燥通风处保存。

用于屋顶绿化的垂盆草
（epo 供稿）

屋顶绿化是用植物材料覆盖平台屋顶的一种绿化形式，要求所选的植物具有抗风、耐旱、耐夏季高温、耐空气污染、耐修剪等特点，垂盆草无疑是个很好的选择。

栉刺尤伯球

仙人掌科
尤伯球属

形态描述

植株单生，幼年球形，长大后多见短圆筒形。体表暗红褐色，具蜡质且密布微微突起的疣状小疣点。具 15 ~ 18 个间隔均匀的棱脊，刺座密集，几乎首尾相连，小刺灰黑色，长 1.2 ~ 1.5 厘米，呈栉齿状紧密排列，稍向两侧倾斜。白色短锦毛密生于刺座上。花顶生、漏斗状，黄色。花筒有红色鳞片和白毛。浆果红褐色。

（黄桃鹦鹉供稿）

生长习性

栉刺尤伯球产于巴西东南部的米纳斯吉拉斯州山区，产地的年平均降雨量在 1 300 ~ 2 000 毫米，雨量丰富，但雨季和旱季分明。喜阳光充足、温暖、通风的栽培环境，生长期需保持一定的湿度。不耐低温，忌烈日暴晒和阴湿环境。冬季温度应至少保持在 6 ~ 8℃，适宜生长温度为 18 ~ 28℃。要求栽培基质为疏松、透气、排水性良好并含有腐殖质的砂质壤土。

栽培介质

通过搜集相关资料后，我得知栉刺尤伯球原产地的环境条件要比其他许多仙人掌类植物的产地要优越得多！原产地属热带高原气候，年平均气温为24℃左右，山区最低气温10℃左右。产地的土壤也是含有一定钙质的腐殖质壤土。曾经在花市上看到一些广州花商出售的盆栽落地栉刺尤伯球，生产者为了节约成本而使用小颗粒的煤球渣混合部分粗砂以及腐熟的牛粪配制的基质，也非常成功。而城市中的爱好者去找这些介质却有一定的难度，但只要掌握以上这些原则，配制这类植物的栽培介质并不是件很复杂的事情。大家也可以参考如下的配比：3份仙土+3份植金石+2份活性颗粒炭+1份颗粒蚯蚓土+1份石灰石碎片。需要提醒大家的是，尽管原产地的土壤比较肥沃，而且实践证明这个品种还是比较喜肥的，但是如果你采用的栽培基质含有大量的腐殖质，就可以不用添加或者少添加基肥，以免产生肥害。

栽培管理

水分管理上我们可以模仿原产地的降水情况，生长期在土壤干透后可以大水灌溉，将盆内的基质完全淋透，然后保持一定的通风，让其自然干透后再浇水。由于这个品种的表皮比较薄，生长期万不可过度缺水，也可以时不时地多向球体喷些雾状水，这样能很好滋润球体。夏季高温的季节不可完全断水，过于干燥容易在球体上产生“疤结”、“起皱”。冬季的补水方式同许多仙人掌类植物大致相同。当温度低于8℃时，要考虑适当节水并营造一定的干燥环境。

光照环节，我们要注意的是夏季不可将它们放置在露天，强烈的紫外线很容易灼伤它们的表皮。其他的时候，应该尽量多地将它们放置在阳光充足的南面阳台。一旦缺乏光照，植株暗红泛黑的表皮会变成绿褐色。

病虫害防治

常见的病虫害主要有介壳虫和铁锈病，如果是小规模的介壳虫，可以用酒精轻轻地反复擦拭球体，能把介壳虫除掉，此法方便简单，比较适合家庭操作。铁锈病多见于7月底8月初，可采用80%代森锌可湿粉剂2 500 ~ 3 000倍液喷雾，7 ~ 10天用药一次，连续2 ~ 3次。

繁殖培育

多采用嫁接和播种的方式，而国内很多栽培者多使用嫁接，待接穗长到一定的大小就用切顶的方式，强迫其萌发小球。这样虽然能在短时间内得到一定数量的植株，但是这种方式培育的植株往往都抗逆性很差，且观赏效果和实生的植物有很大的差距。所以，现在更多的推荐大家播种繁殖，尽管栽培周期长，但是籽播苗更容易表现出植物的特性，更具观赏性。

心情文字

上述提到的生产者所使用的基质栽培给我留下了非常深刻的印象！这种基质栽培的球体非常的饱满、体色也格外的艳丽，并没有因为添加了较多腐殖质而出现烧根的现象，相反长势倒非常旺盛。其实煤球渣和粗砂本身并不能提供什么养分，不过排水性却非常好，配合腐熟的牛粪则能提供充足的养分，同时兼具一定的保水性。看似简单的一个土壤配制却能很好地满足这类植物的生长需要。我想这也就印证了“实践出真理”的老话，有时完全照搬书面知识未必就一定会成功。而那些成功的栽培者，一定是通过自身不断的实践、总结才最终找到适合自己的种植方式。想到这里，我突然庆幸自己能和这些植物结缘，因为它们不但能让我在繁忙的工作之余有一个放松的方式，而且在享受快乐的同时也能带动自己更多的思考。有人说一分耕耘一分收获，而我却觉得和这些植物打交道不仅仅收获了种植的乐趣，真的还有很多、很多……

花友秘籍

几种防治介壳虫的“偏方”

①用1份白酒兑两份水，用毛笔蘸其混合液涂于害虫表面。1周一次至两次，连续用4次以上见效。

②用小棉球蘸食醋涂于受害的植物的茎、叶上轻轻揩擦，也可将介壳虫杀灭。

③用纯碱0.1%～0.2%溶液喷洒或抹涂，腐蚀介壳使其死亡。气温高时使用浓度低，气温低时使用浓度高。

龙角和它的朋友们

萝藦科
剑龙角属

形态描述

茎青绿色、表皮具光泽。多呈 4 ~ 6 棱状且边缘呈锯齿状，具直力性，茎基部分枝性强，易丛生。小花朵紫红色、易簇生于茎基部。

龙　角

生长习性

喜温暖，好散射光。不耐寒，忌涝。冬季温度要控制在 10℃以上。好生于排水良好的砂质土壤。

栽培管理

最初栽培的时候一定要控制好土壤水分的含量，且要根据气候变化做相应的调整。因为高度肉质的茎干常常会因为浇水过于

“勤劳”而腐烂。这是栽种此类植物的头等问题，那么协调好温度和湿度的关系就显得尤为重要。一般的生长期在排水良好的土壤环境下栽培，可以保持土壤微微湿润。当然你也要考虑到栽培环境的通风情况，不可长时间“闷养”。的确这看上去前后有些矛盾，但是在你无法协调好这些因素的时候，还是要首先考虑通风。至于冬季低温的时候，一定要“宁干勿湿”，保证局部的相对干燥。在土壤的配制方面可以考虑填加一些腐殖质，如：泥炭。可参考如下配方：3 份粗砂 +4 份泥炭 +2 份火烧土 +1 份粗泥炭。繁殖一般用分株、扦插或播种繁殖。分株是我们最常使用的方法，通常在早春结合换盆进行，分株后不宜马上浇水，最好过几天等伤口干后再浇水，以免引起感染；扦插繁殖一般利用剪下的茎干操作，要注意的是，只有待插穗的伤口充分吹干后才能扦插（因为这类植物的伤口处会流出汁液，这样能减少伤口感染的概率）。还是要说说扦插的好处，一方面能得到强健的植株，另一方面也能借着扦插的机会给植株“整形”一番，去掉一些重叠的枝条。至于播种的实生苗生长很慢，需 4 ～ 5 年开花。施肥春秋每 15 ～ 20 天施用一次追肥，鸡粪或复合化肥均可。此外养护中还要注意 2 个环节：一是夏季不能阳光暴晒要求遮阳 50%。二是由于植株是肉质群生所以通风也非常重要，不能一直放在室内。

花友秘籍

关于龙角的定名

我发现很多国内的爱好者喜欢将这类植物称为龙角，犀角、犀牛角、水牛角……可以说没有一个统一的称谓！我想这和国内多肉植物产业落后的发展现状有很大的关系。和其他多浆植物不同，可能是因为很多品种携带有特殊气味，萝藦科的许多植物在国内并不是很受关注。很少能看到国内有哪个萝藦科的爱好者会静下来去收集相关品种来栽培、研究，就更别谈交流了。这在很大程度上制约了它们的普及，

也造就了一个品种出现多种叫法的怪事。这不能说是一种讽刺！作为一个普通的爱好者虽然不能“扭转”这种现状，但这并不影响我在这里谈一下自己的认识。看到国内一些种植者会将这个品种归入水牛角属中，这是不对的，水牛角属的植物开花多集中于枝条顶端及茎段中上部，而剑龙角属的植物开花都是集中在茎的基部（这是最直观、简单的区分方法），（水牛角属的花多深裂，而后者则相反）而龙角的花是簇生于茎的基部。这就很能说明问题。

心情文字

初见犀角的印象并不是很好，其貌不扬的外表配上好似海星的花朵。就像洋人唱京戏一般，让人好不自在。可能是另类的原因，花友们对它的关注程度远远不及同科的吊灯花属的热门植物“吊金钱”。深入了解后才知道，它极具个性的花朵是为了吸引更多的虫子为自己繁衍后代。这让我想起一句很有哲理的话：“上帝在关上一扇门的同时，一定会为你打开一扇窗”。是的！相貌平平的它正用另一种方式诠释着生命的顽强。

球凝蹄

因栽培困难在萝藦科中知名度非常高！产于索马里，对温度要求较高，潮湿、低温环境下极易导致腐烂。

紫龙角
（黄桃鹦鹉供稿）

既能观赏花朵又能观赏茎干的品种，小花种、花深褐色。在国内还有比较常见的

姬牛角
（黄桃鹦鹉供稿）

又是一个别名很多的品种，呵呵！可惜拍摄的时候没有开花。这个品种的特点是花和肉质茎不成比例，茎又细又弱，而花却又大又美（花星形、深裂 5 瓣、且布红褐色横缟斑）

巨象球

仙人掌科
顶花球属

形态描述

植株呈扁球形至圆球形，体表亮绿色，顶端生长点密被白色绒毛、疣腋间也有少量分布。幼年单生，成年后易萌发仔球。刺座生于疣突上 、具饱满的圆疣状突起。辐射刺 6 ~ 8 枚、初生为黄色、褐色后转为灰褐色、刺外弯。漏斗状花顶生、淡黄色，直径 7 ~ 10 厘米。

（黄桃鹦鹉供稿）

生长习性

习性强健，喜明亮、温暖通风的栽培环境。生长期要求较高的空气湿度，耐干旱、不耐高温强光、忌土壤板结。干燥的环境能耐 5℃短时低温。生长适宜温度为 20 ~ 28℃。要求在排水良好的砂质颗粒壤土中生长。

栽培介质

最好还是用颗粒形态的基质，因为巨象的根系相对发达，如果植株球径在10厘米以上，可以考虑使用0.6～0.8厘米大的颗粒栽培。小苗可以用一些小颗粒的基质栽培。这些栽培基质在上盆前一定要筛去过小的碎粒和粉尘。常见栽培基质可以是4份植金石+4份赤玉土+2份小颗粒活性炭，再与适量蛋壳粉混合。如果担心添加过多蛋壳粉会导致土壤板结，可以通过根外追肥的形式补充钙肥，用硝酸钙兑水就是一个不错的选择。这里要提醒大家的是：硝酸钙属于硝态氮，易随水淋失。所以要少量多次施用。上盆的时候也可以在盆底放置一些有机底肥，现在我们能在花市购买到一些小包装呈颗粒形态、完全发酵的油性饼肥。我觉得这非常适合仙人掌类植物。同样我们也可以将它们放置在盆面上，每次浇水时养分会随着水一起流入土壤被植物吸收。

栽培管理

任何植物都离不开阳光，仙人掌类植物更是如此。但不是说我们只要将它们放在室外，任阳光暴晒就是正确的。巨象就是一个很好的例子。为什么这样说呢？因为巨象的表皮相对比较薄，如果是生长季节，柔和的光照不会产生什么问题，但是夏季的高温强光很容易给植物带来伤害。遮阴过度也会改变球体的形态，造成徒长，这样的情况一旦发生，再让它恢复到原来的形态时需要很长时间。所以夏季遮阴要适度，最好是散射的光照或者是明亮无直射光的环境。生长季节可以保持一定的空气湿度，能使球体表皮更为漂亮。生长季节每次浇水一定要浇透，但是夏季高温要保持干爽的环境。过湿容易烂根，也会使球体患锈病。

巨象的繁殖以播种和嫁接为主。播种的温度保持在20℃左右为好。实生苗生长缓慢，所以价格要比嫁接苗高出不少。嫁接一般在5～10月都可以进行。

病虫害防治

锈病防治可选用 25%粉锈宁 1 500 ～ 2 000 倍液，50%代森锰锌 500 倍液。每隔 7 ～ 10 天一次，连续防治 2 ～ 3 次。

在同属中还有和巨象非常相似的品种：象牙丸和天司。以象牙丸和巨象最为相似。区别最大的是花的颜色，象牙丸的花是红色的。近几年来也涌现出一些观赏价值更高的斑锦品种和短刺品种。对于喜欢这个品种的爱好者这无疑是个很好的消息。

巨象球锦

花友秘籍

仙人球为什么会发黄?

我想这是每个仙人掌类爱好者都会遇到的问题。即使是经验丰富的爱好者，在初级阶段也会遇到这样的问题。我认为原因主要有如下几点：①冻害导致。这是完全可以避免的，但是有时我们往往会疏于防护。比如上海冬季低温、潮湿的气候，如果栽培环境光线再差，是非常容易导致球体出现黄斑的。冬季一定要放在光线充足的阳台，而且不能有很强的空气对流。那些阴暗的常有穿堂风光顾的地方就是祸根。②土壤过湿。都是浇水不当引起的。初学者最棘手的问题，就是不知道怎么浇水，何时浇水。通俗地讲浇水过多导致土壤过湿，而土壤过湿又造成土壤透气性差，透气不好当然根系无法正常的呼吸。环环相扣，最终引发根系腐烂，而“临床”上就体现出球体下部发软、发黄，有时还能流出发黑的液体。其实浇水的问题都是老生常谈的话题，主要还是取决于个人对浇水的悟性。③极度干旱。和上述问题是两个极端。现在流行一个词语“懒人植物”，不要认为它们都是沙漠植物，都喜欢干旱，那浇水就可偷懒或者干脆不浇！如果是成年的植株发生这样的问题，会在球体下部出现“老年斑”，影响美观。幼苗若是因为干旱发黄，即使最终救活，也会让它们变成僵苗。④其他。高温天暴晒造成的灼伤，一些微量元素的缺乏也会导致球体发黄。

心情文字

没有强刺球那样不可亲近，相反白茸茸的柔毛倒增加了几分可爱。碧绿的球体配上错落有致的象牙刺，非常精致。也很适合女生来种植。

士　童

仙人掌科

士童属

形态描述

植株呈扁球形，球体红褐色或褐色。棱 10 ～ 15 条，棱沟浅平，刺通常 7 ～ 11 根，花漏斗状、黄色，花檐短，被褐色单毛，闭花受精，果实多汁，果壁厚。

（黄桃鹦鹉供稿）

生长习性

原产巴西南部及乌拉圭北部，典型的直根性小型种植物。适宜生长在富有腐殖质、多孔、渗水性好的砂质土中。生长期为 4 ～ 6 月和 9 ～ 11 月。冬季干燥环境可耐 3 ～ 5℃的低温。保持 10℃以上的温度可继续生长。

栽培介质

在选择栽培介质的时候，要考虑那些颗粒形态好、有一定养分的材质。推荐混合植料：5 份赤玉土 +3 份植金石 +1 份活性炭 +1 份蚯蚓土。考虑到士童是直根性植物，栽种的盆要选择深盆（但是这不意味着要用大盆），盆底多放大颗粒植金石以利透气。上盆前适当修剪主根，可以促进新根的萌发。水分管理上这个品种还是比较喜欢一定的空气湿度，生长期也不能让栽培土壤过于干燥（这可能和士童的表皮比较薄和开大花有关），若是空气湿度太低，植物的表皮会暗淡无光；若是想让栽培的植物开花，生长期一定要有充足的水分供应。因为它们每次开花都会消耗很多的营养。但是一些花友在冬季会完全停止浇水，直到春季温度升高后才开始逐步增加浇水量，此时脱水士童的球体会完全低于土面，但是等到温度和水分都达到要求时，它们又会开始生长了，这也说明该品种具备了一定的耐旱能力。在原产地，这个品种多见于沙砾、草地、岩石缝隙中。对于人工种植而言，除了高温季节外，最好保证长时间的光照。

栽培管理

家庭种植士童温度是个关键环节。因为士童是夏型种，夏季是生长季节，而若要在冬季保持生长则要求有较高温度。让我们先了解下它的原产地气候：巴西南部及乌拉圭北部属亚热带海洋性气候，四季温和且湿润，冬季最低月平均气温内 10 ~ 18℃，相比一些沙漠气候，这里的夏季雨水更为充沛，冬季雨水相对较少。一般建议生长期的温度不要超过 36℃，且注意适当遮阴（对于那些夏季高温多雨的地方，要注意避雨）。有的花友会认为冬季的过冬温度要求较高，不太适合引种。对于北方的一些冬季有暖气的地方自不必多言，而那些没有加温设施的地方，若能控制好水分，保持一定的干燥环境，也可以尝试引种。当然在此之前可先做一些准备工作：①日常养护中尽量让植株能接受到更多的阳光，储存养分为过冬做准备。②生长季节要多补一些磷、钾肥，秋季可以辅助一些海生素，增加抗性。③冬季休眠的时候可在盆面施撒一些砻糠灰，增加盆面温度。

繁殖培育

土童通常用播种的方式进行繁殖。容器要选择那些长方形的浅盆，土壤要轻压踏实，然后将种子均匀地撒在培养土表面，也可在上面浅浅地撒上一层砻糠灰，坐盆充分给水后，将盆移至温暖的环境中，盆面上可盖玻璃，以保持小环境的湿度。播种最好有一定的温差，这样对发苗有很大的帮助，一般在 4 ~ 6 月进行，成活后的幼苗半年后可以行移栽。

Frailea 属的属名是为纪念仙人掌类植物收集家 Manuel. fraile 而得名的，它还是属于比较晚被发现的，不过现在受关注的程度却丝毫不低。相比其他的一些仙人掌类植物，Frailea 属的很多品种还是有自己的特色的，首先它们不用占据太多的地方；其次比较容易得到种子，也能保证品种的纯度；关键是种植起来也没有很大的困难。应该说这个属的很多植物的特征可以用一句话总结——“小球大花”。该属还有一些比较知名的品种例如：貂之子、龙之子、紫云殿、豹之子等等。

虎之子
（黄桃鹦鹉供稿）

虎之子侧面
（黄桃鹦鹉供稿）

熊之子
（黄桃鹦鹉供稿）

熊之子侧面
（黄桃鹦鹉供稿）

花友“黄桃鹦鹉”播种的实生苗，和虎之子的区别就是刺的颜色，前者是棕褐色，虎之子是黄刺。熊之子在光照下皮肤更容易泛老绿色。

花友秘籍

①关于夏型种：并不是说夏天温度越高越有利于植物生长，夏型种只是针对原产地而言更为合适。这是因为我国地

域辽阔，南北气候差异很大。夏季来到的时间也不尽相同。上述介绍的士童的原产地，夏季平均气温也很难超过30℃。但是实际上它也能忍受南方37℃的高温。我们在栽种这类植物的时候要更多地参考原产地的气候，然后结合自身环境来控制。

②关于海生素：这个名字可能对于有些花友比较陌生，其实海生素被广泛运用在农作物的生产上。它能激活植株的综合抗性，提高抗冻、抗旱、抗涝、抗病能力，也能提高植物对微量元素的吸收能力。海生素的有效成分是低聚度小分子团的甲壳素，无毒水溶性，具有激活植物免疫力的活性成分，另具抑制病原菌活性，对产生的肥害、药害、缺元素病等拮抗有消除唤起功效。为安全无毒亲水性的“植物疫苗”。

非常有趣的一个群生品种，这是一颗长刺的品种，相对更具观赏价值。不过生长速度比较缓慢。

蜈蚣丸
（黄桃鹦鹉供稿）

花　曙

仙人掌科
松球属

形态描述

植株呈卵状至长卵状球形，幼年多见单生。球体呈碧绿色，疣呈圆柱状、放射刺着生于疣顶端、9 ~ 15 枚、白刺、尖端为黄褐色。花顶生、玫瑰红色。果实球形、种子黑色。

（黄桃鹦鹉供稿）

生长习性

原产于美国西南部地区，喜温暖、干燥、阳光充足的地方。忌闷热、潮湿的栽培环境，不耐阴。冬季过冬温度要维持在5℃以上。好生于含有一定养分的沙砾壤土中。

栽培介质

其实在国内关于栽培此类植物的文章不是很多，有时我们不得不“摸着石头过河”。我一直认为如果这棵仙人掌类植物是你不熟悉的品种，那么在栽培时一定要提高沙砾的含量，或者增加一些植金石和鹿沼土的含量。因为这些介质适合绝大多数的仙人掌类植物。当然你也可以在栽培基质中添加赤玉土和少量过筛的泥炭藓。我使用 2 份鹿沼土 +6 份赤玉土 +1 份小颗粒白云石 +1 份泥炭藓，再混合适量的优质控释性颗粒肥（如美国产的爱贝施 1 号）的配方。总占比 70%的赤玉土和白云石呈中性，而且白云石对刺的发育很有帮助。如果你不能找到白云石补充钙肥，那么可以在生长季节里追施一些含钙的肥料（如硝酸钙和过磷酸钙）。这里需要提醒大家的是，前面提到的 2 种肥料最好是兑水稀释后以根外追肥的形式给植物补充养分。若是长期浇灌于土壤，会改变土壤的 pH，对于多数喜欢微碱性土壤的仙人掌及多肉类植物的根系也是没有好处的。在土壤中添加的控释性颗粒肥可以不受土壤含水量和 pH 的影响，能够持续、稳定、均匀地供给植物生长期的需要，我觉得这是一个方便、高效、持久、清洁的好方法。上盆的时候可以先用卷筒纸将球体包裹，仅留出根茎部分，一来可以避免扎手，二来也不会让土弄脏球体。比较适合新手操作。

栽培管理

花曙的生长季节一般在春、秋两季，冬季能够维持 10℃以上的温度也可以缓慢生长。生长季节要尽量保证更多的光照，在土壤干透后就要浇透水。如果再保持一定的空气湿度，会让球体的颜色更为艳丽，刺更为强壮。夏季高温时要稍稍遮阴，不可大水灌溉，更不能施肥。

繁殖培育

以播种和嫁接为主。播种苗的生长更为缓慢、寿命更长。而嫁接苗的株形一般都不及实生苗标准，寿命也短。嫁接一般在 20 ~ 30℃的温度都可以进行，主要以平接为主。嫁接的种苗因为价格优势曾在很长一段时间内占据市场，但是随着爱好者对这方面的知识更深入的了解后，开始重新认识实生苗的价值。

也不知道是什么原因，松球属一直没有被大陆的爱好者大规模的栽培。但是本属中有两个比较知名的品种：紫王子和须弥山。它们已经被《濒危野生动植物种国际贸易公约》列为保护植物。

病害防治

常见的有茎腐病（属真菌病害），它是由一种叫镰刀菌的病菌所引起的。是观赏植物中最常见的病害。不过若是仙人掌类植物患上此病，若初期不能控制疾病的蔓延，其死亡率是非常高的。这种病害主要发生在近地茎部，发病初期病变部位组织会产生水渍状暗灰色病斑，并逐渐软腐，逐渐蔓延。有些书上介绍发病初期可以用农用链霉素兑水浇灌。我个人认为此法不是很适合仙人掌类植物，因为很难在发病初期看出植物的异常，等发现问题时再用药往往就错过了最佳治疗时期。我觉得还是保留健康的地上部分，让其充分干燥后重新扦插更为合适。

花友秘籍

过磷酸钙的使用注意

①过磷酸钙呈酸性，不能与碱性肥料混合施用，以防酸碱中和降低肥效。有时栽培基质中也会含有一些碱性的材料（如砻糠灰），此时最好是用其他的肥料替换。

②买回来的过磷酸钙使用前需碾碎过筛，否则会影响肥料的效果。

③过磷酸钙是水溶性肥料，买回来后一定要放置在干燥的地方，不可受潮。

心情文字

很多时候国内爱好者要买品种优良、株形美观的仙人掌及多肉植物多得从国外进口，尤其是一些生长缓慢、数量稀少的实生苗多是实行“拿来主义”。我觉得这是必须要经历的一个阶段，无法避免。但是可以控制的是这个阶段的长短。如果大家都是以“搬砖头”的形式来牟取眼前的小利，那可能未来很多年我们都会在原地踏步。可喜的是越来越多的爱好者，包括一些商家在扮演“收藏家”的角色。收集一个经典的园艺品种不是为了牟利，有些是出于爱好、喜欢并渴望对它们进一步了解，有些是希望通过利用一些科学技术来培育一个新品种。如果我们回过头来看过去30年前的状况，会发现生活在如今这个时代的花友是多么的幸福。如果我们的“拿来主义”能真正吸收、采纳别人一些好的东西并为自己所用，那我有理由相信未来30年还会有更美好的景象。

活的艺术品——特玉莲

景天科
石莲花属

形态描述

植株呈莲座状，全株被白粉。蓝绿色变态肉质叶轮状生长，叶基部为扭曲的匙形，中间呈纵向隆起，叶顶端向中心生长点内弯，背部中央微凹。总状花序，橘黄色小花。

（黄桃鹦鹉供稿）

生长习性

特玉莲为鲁氏石莲花的变种。喜温暖、干燥、阳光充足的栽培环境。不耐阴、耐干旱，忌涝和黏重的土壤。生长适宜温度为 18 ~ 28℃。冬季过冬温度保持在 5℃以上。好生于排水良好、疏松、透气的砂质壤土中。

（黄桃鹦鹉供稿）

栽培管理

将如此漂亮的一棵植物买回来，不仅仅要让它成为自己花园中的“常住人口”，更关键的是要让它尽可能淋漓尽致地展现自己的光芒。如何长时间保持它最佳的姿态，就成为我们养护的关键点。

首先我们需要为它创造一个光照充足的栽培环境。不光是在冬季或是它的生长季节，长时间的光照非常有助于保持它们的株形，若光照不足叶片的白粉会变得稀薄，有时甚至会消失。这是一个不好的现象。不过我们可以根据叶片颜色的变化来判断光照是否充足。至于夏季，有些花友会担心强光是否会灼伤它们。从我自己在阳台上种养的一棵来看，我发现它对夏季强光的忍耐力是非常出色的。因为我在夏季从来不为它遮阴，一样可以顺利度夏。我要担心的只是 5 ~ 6 月上海的黄梅雨季，若你在夏季也不采取遮阴措施，就要考虑尽量保持土壤干燥。

接着要谈谈浇水，我觉得黄梅雨季可以完全断水，但是高温天还是要适时地补充水分。建议大家不要让黄梅雨季的雨水淋到多肉植物的盆土中，否则极易导致它们的腐烂。通常这个时候空气湿度大、天气闷热，而且空气中夹杂大量霉菌孢子。一旦被此时的雨水所淋透，可考虑我的建议：用自来水再浇灌一次盆土，这样可以降低土壤的温度。不用担心水多会烂根，因为土壤的含水量一旦达到饱和的状态，即使再浇水也都是一样的。这样做的目的是降低盆土的温度。当然有条件的话要吹干盆土，这样做则更加安全。生长季节也不能大水灌溉，这样很容易使植物的叶片变得扁平，失去其本来的面貌。要保持叶片的独特造型就要适当地浇水，每次浇水的时候不要将水浇到叶片。这样可以避免植物体表白粉的流失。生长季节的空气还是不能太干燥，可以在植物的外面套一个透明的塑料杯，而且要记得定期的转盆。这样栽培的植物会非常饱满。

栽培介质

栽培特玉莲的基质可以选择以小颗粒植金石为主的材料，如：4 份植金石 +1 份仙土 +2 份砻糠灰 +3 份碎炉渣和少许贝壳粉混合，既可以很好地满足它们的生长需要，也不会因为养分过于充足致使它们疯长。肥料选择上不要施用含氮素的肥料，这样容易导致它们出现“返祖”现象，降低植物的观赏性。

繁殖培育

以叶片扦插为主。取完整的叶片，在半阴环境下晾 1 ~ 2 天后平铺在素砂上，保持一定的空气湿度，成活率非常高。不过土壤过于潮湿很容易导致叶片腐烂，这是要引起我们重视的一点。也可利用植物的侧芽分株繁殖。不论是采取哪种手段繁殖，一定要选植物特性明显的幼苗来培养。那些有“退化”趋势的幼苗要淘汰。

心情文字

很多景天爱好者家里都拥有一株特玉莲，我的第一棵是学生时代节衣缩食1周从花市上买回来的。那个时候母亲给的生活费不多，但我仍然坚持每周节省一小部分钱，用来购买自己喜欢的多肉植物，我想每个花园中，一定有一棵植物是它的主人最宠爱的宝贝。它或许不是最珍贵的，但它一定是最能俘获人心的。而特玉莲可能就是一次不经意的基因突变，赋予了它如玉石一般的质地和精美绝伦的造型。也可能就是这次华丽的转身倾倒了无数爱花之人。

花友秘籍

为什么要转盆？

转盆是为了使盆栽花卉的枝条能更均衡地生长。我们知道植物的特性是向阳性的（向日葵是最好的例子）。接受光照充足的枝条通常要比背阳的枝条更健壮。有时家里栽培的植物会朝一个方向生长也是这个道理。如果你的栽培环境不是露天的场所，转盆就显得非常重要。这样可以避免植物朝一个方向倾斜，让植株的叶片能更均匀地生长，同时也能避免叶片因为长期处在阴暗环境下导致的生长不良。实际操作中我们不需要每天去转动花盆，一般的生长季节10～15天转动一下即可。

天紫丸

仙人掌科
裸萼球属

形态描述

植株单生，呈扁球形至圆球形，体色紫绿色至紫褐色。球径10～20厘米，有不规则横沟、浅疣状棱、褐色周刺7～8枚，长2.5厘米、周刺1枚。钟状花顶生、粉红色。花径3.5～4.5厘米。

生长习性

原产于阿根廷北部和玻利维亚。习性强健，冬季干燥环境下能耐4℃低温。喜温暖、干燥、阳光充足的栽培环境。不耐阴湿，耐干旱。要求栽培土壤为排水良好、透气的砂质壤土。

栽培管理

首先天紫丸的栽培环境一定要有充足的光照，这样能很好地保持球体的颜色。有时光线不好的情况球体的颜色会泛绿。这种状态非常像同属的另一个品种新天地。不过有时细细比对还是会

发现它们的区别。夏季高温时要稍稍遮阴，太强烈的阳光容易灼伤球体。我个人认为天紫丸在裸萼球属中抗强光性还是属于中等。一些球体表皮坚硬的品种，如：绯牡丹在这方面就非常出色。而另一些球体表皮薄的品种，如海王丸和斑锦品种在夏季就更不能在强光暴晒。除此之外，其他季节需要长时间充足的光照，这是促进开花的先决要素。不过平时和花友在交流的时候也有些不同的意见，有些爱好者认为长时间的光照下植物会长期处在旺盛的营养生长阶段，这样不利于花芽的分化。我觉得他们的话不无道理。如果是通过人工补光的栽培环境，长时间、不间断的人工补光反而对植物不利。如果是自然光照的话则不需要担心。

栽培介质

天紫丸对土壤的要求通常不是很严格，当然如果你是一个狂热的爱好者也一定不会“亏待它们”。不管是日本爱好者推崇的赤玉土种植，还是国内一些以粗砂和泥炭混合的基质，都非常成功。这里提供一个我自己使用的栽培基质供参考：4份赤玉土+2份仙土+1份麦饭石+2份植金石+1份活性颗粒碳棒。我个人还是崇尚使用颗粒基质栽培此类植物。首先在保证排水透气性好的前提下，追求一定的保水性，因为这样栽培的植物皮色会更漂亮。

勇将丸锦

勇将丸锦
（黄桃鹦鹉供稿）

勇将——也是一款性价比很高的裸萼球，很适合新手种植。

我们先分解一下这个基质配方。赤玉土和仙土都具有一定的保水性，而且含有许多植物必须的养分，这要占整体的60%（我把这组比作‘主食’），而植金石、麦饭石、活性炭的排水性更为出色，同时也含有许多的微量元素，占整体的40%（同样这组就是‘配菜’）。我觉得这样的搭配能充分反映出土壤配制的原则。初学者在栽培此类植物的时候不妨思考一下，并不是说要照搬我的配比。也许会有更好的、更成功的栽培基质。我要说的是，我们首先要尽可能多的了解植物，然后去熟悉常用的栽培介质的特点，再结合自己的栽培环境去做调整。还是以上述基质为例，如果栽培场所是封闭的玻璃缸，我就会调整策略，将排水性更出色的植金石、麦饭石、活性炭一组的比例调高一点。通过不断的思考，再结合实际一定会更加充实我们的"实战经验"。

一下子写了不少有关土壤配制的心得，接下来要谈谈实际养护中的其他要点，我认为养好天紫丸也离不开肥料，充足的养分能使刺更为粗壮有力。因为裸萼球属的植物刺是观赏的重头戏！现在许多爱好者追捧的天主丸、应天门等都是强刺品种。可以在生长季节施追肥，或者翻盆时在盆底放置一些腐熟的有机肥作为底肥。

天紫丸具有一定的耐寒性，冬季要保持土壤干燥。生长季节土壤要见干见湿。夏天一定要有良好的通风，这样植物患病的概率会减少。

心情文字

我发现现在有很多国内爱好者开始专门收集裸萼球属的植物了。裸萼球属是一个大家族，大多数品种株形美观、花色典雅、病虫害少。在栽培上的要求不高，而且容易开花。很多品种价格低廉，也适合新手尝试。可惜的是一些观赏性高、刺粗壮的园艺品种，几乎都是以进口为主，国内也很少见到这方面的育种专家。绝大多数都是爱好者自己在尝试一些杂交。

花友秘籍

有机肥为什么要腐熟?

有机肥腐熟的目的是为了释放养分，避免肥料在土壤中腐熟时对植物造成不良影响，如争夺水分、养分或局部高温、氨浓度过高造成烧苗等情况。肥料的腐熟，实际上是微生物活动的过程，通过微生物的活动，使有机物分解，增加有机养分，并使肥料由硬变软，质地由不均匀变为均匀。同时在腐熟过程中产生高温，还能在一定程度上消灭杂草种子和病虫。

裸萼球属植物——狂刺碧岩玉 1

裸萼球属植物——狂刺碧岩玉 2

关于寿的一些种植经验分享

很早就开始迷恋起这类植物，通过这些年和它们的相处，对这个品种的特性也有了一些初步的认识。寿是百合科瓦苇属最负盛名的品种之一，因为比较容易杂交，我们能看到各种各样的园艺品种，其中日本一些瓦苇爱好者和园艺专家培育的园艺品种受到我们国内爱好者的追捧。在国内就连一些品种的命名都是沿用了日本方面的名称，包括国内爱好者最初将 *Haworthia* 属称为十二卷属（值得注意的是这种称呼直到现在都未被国际上认可）。栽培这类植物其实并不是非常困难，在此和大家一起分享一下我个人的一些看法。

● 有关栽培基质的搭配和选择

瓦苇属的许多植物配制栽培土壤的原则其实是大致相同的：首先，它们都需要疏松、透气性良好同时兼具一定保水性的基质，其次，它们都适合在弱酸性土壤至中性土壤中生长。

寿锦 1

寿锦 2

寿锦 3

白银——银砂

我将国内的主流栽培基质分为两种，第一种是以赤玉土为主的颗粒植料辅助一些植金石、砻糠灰、粗砂等，第二种是以泥炭为主的有机质植料配合一些蛭石、粗砂、珍珠岩等。我个人经验，两种都很适合种植寿类植物，且都有各自的特点。长期用前者栽培这类植物能得到比较满意的株型，而用后者栽培能在短期内加快它们的生长速度。我比较倾向于前者，记得早些年前赤玉土还没被国内爱好者所认识的时候，很多人会采用泥炭为主的基质栽培，虽然同样能培育出株型饱满的植株，但是有时浇水不小心植物就容易烂根（尤其是新手）。更可怕的是上海

白银

的黄梅雨季总是让这些栽培基质显得潮潮的，种植初期我在这个关口吃过几次亏。虽然寿烂根若发现及时还是比较容易挽救的，但是恢复期总是要花上一些时间，而且会影响后续“窗面”的生长，让人好不可惜。后来开始陆续使用以赤玉土为主的颗粒植料，烂根的概率就明显下降了。每次浇水都能很快地从盆底渗出，关键是比较容易干透。通过各种颗粒介质的搭配，我渐渐开始使用固定的搭配方式：4 份赤玉土 +3 份煤球渣 +1 份砻糠灰 +2 份蚯蚓土。起初是因为在温室工作的缘故煤球渣和砻糠灰取材都比较方便，使用这些材料和赤玉土搭配栽培出来的植物根群“水晶头”特别多，空根、烂根都少了。我选择那种呈蜂窝状的煤球渣，用前先将它们浸在水中 1 周以便“退火”，能养好根系和它们密不可分，因为其表面凹凸不平呈多孔的形态，让土壤颗粒之间有许多微小的空间，非常有利于透气、排水，而且煤灰中还含有许多有益的微量元素。如果你找不到煤球渣也可以用多孔的火山石代替。砻糠灰都要过筛，采用成型的最好，蚯蚓土是花市上包装好的颗粒腐熟土。混合后的基质要再过一遍筛，去除细小的粉尘。

● 栽培容器的选择

我试过很多种盆钵栽培这类植物：瓦盆、陶盆、塑料盆甚至是那些多孔的小号塑料筐，希望能在它们之间找到一个最佳的答

白银寿锦

祝宴寿锦

案。但后来我发现其实很难在它们之间做出取舍，如果要说最佳答案那就是只有结合自己的栽培介质来选择合适的容器。如果你采用的栽培基质是以泥炭为主的材料，那就可以考虑使用瓦盆。相比塑料盆而言瓦盆的材质更透气。同样如果是采用颗粒植料，选择塑料盆也不错，道理其实是一样的。而使用多孔的小号塑料筐其实也是自己的突发奇想。既然寿也是肉质根系，土壤的透气性就是我认为的重中之重。虽然使用这种容器能很好地降低烂根概率，但同时浇水的工作量也随之上升，而且冬季低温时其保暖性也是一个问题。我只想说如果你也想尝试这种办法那一定要三思而后行！不管你是使用瓦盆或者是塑料盆种植都应该选择那些

特选磨面寿

高文鹰爪

有一定纵深的盆，这样更有利于寿根系的生长（前提是需要在盆底部铺设足够深度的排水层）。至于盆的直径大小还是要根据所栽种的植物来定，我一向反对幼苗使用大的容器栽培，有些花友认为这样能方便浇水，且养分含量更充足。在我看来大的容器很难掌握浇水量，也难判断何时才是最佳的浇水时间。尤其是新手这样的方式不太可取。

● 水肥的管理

这类植物的生长期不可断水，而且在凉爽的季节里需要保持一定的空气湿度，这样能让叶片更为饱满。有些花友喜欢在盆上倒扣一个透明的塑料杯，来维持一定的空气湿度，也是很有必要的，但需要注意定期通风。“扣杯”也是有一定讲究的，我觉得每次浇水后不必立刻用杯子将它们罩起来，等 1 ～ 2 天后再用杯子扣起来。这样可以避免因为小环境过于潮湿而引起的病害。当然幼苗在第一年则需要一个恒湿的环境，“见干见湿”并不适合它们。

每件事情总有好的一面和坏的一面，在全部使用颗粒植料种植后我发现浇水的工作量比以前提升了不少，虽然排水性极佳，但是每次浇水总是弄得阳台一塌糊涂。不过后来发生的一件事情改变了我的浇水方式，我开始采用浸盆的方式补水。记得是 2 月的早春，气温已经稍有回升。此时的上海是多雨的季节，晚上的

克里克特

青　蟹

一场雨将玻璃缸内淋了个透！我的几株寿都在里面泡了一个晚上，起初我还担心会不会发生什么意外。接下来的1周里我发现它们不但没有任何不良反应，反而长势更为明显了。细细推敲下来，发现以前每次浇水我总是担心多余的水分会将阳台弄脏，而有意识的减少浇水的量。而那次“水漫金山”后土壤水分完全处于饱和状态，植物就是在这样的情况下出现了一波明显的长势！这也是为什么大家总是要念叨浇水要浇透的道理，而怎么样才算是浇透？这还需要实践中去不断的总结。举这个例子就是要告诉那些新手，家庭种植浇水没有定式，也不可能程序化，更多是个人的悟性和积累。

而对于各种元素的肥料它们则是又爱又恨，为什么这样说？从根部的构造看这样的肉质的根系注定不能承受过高的渗透压，一旦肥料浓度超标很容易导致烂根。但同时它们又非常的喜欢肥料，如果用一句话总结就是“给点阳光就灿烂”的那种。所以这

初　霜

美吉寿
（锅盖供稿）

类植物也要提倡薄肥勤施。我个人还是比较喜欢以有机肥为主、化肥为辅的方式，一般如果是灌根的话我都是采用有机液肥，而化肥主要通过根外追肥的形式来进行。

光照和温度

在原产地寿多生长在灌木下或者是岩石的缝隙中，而实际栽培中并不是要在任何时候都遮阴。生长期长时间柔和的光照

比较有利于它们保持良好的株形，我发现生长季节如果温度在18～25℃之间，哪怕是阳光直射也不会对它们造成很大的影响。一旦温度超过30℃，叶片遇到强光直射就会泛红，一些窗面更为透明的品种则会较早表现出来，而窗面白色疣点分布稠密的品种则能反射一部分的紫外线。这时就需要我们适当的遮阴。就如同瓦苇属许多植物一样，寿在高温季节属于半休眠状态，但并不能完全的断水，我们能做的就是通过遮阴来减少阳光的直射同时保持栽培场所的通风，一些初级爱好者会在这个阶段损失植物，其实单纯的36～40℃高温这类植物还是能忍受的，最可怕的是高温伴随的高湿，若环境通风再不好就容易导致烂根甚至死亡！而冬季它们在干燥环境则能忍受3～4℃的低温，如果栽培场所没有加温措施那低温季节也可以考虑节制浇水，减缓它们的生长速度。

● 繁殖

早先我都是采用分株的形式，即每年春、秋两季将侧芽从母本上割下来后用硫黄粉涂抹伤口，阴干1周左右后再扦插。我觉得成活率非常高！随后我也尝试着一些其他的无性繁殖方式，包

西山寿
（紫晶供稿）

括切顶、叶插。不过都有各自的弊端。就拿切顶来说，原来也是在一些花友的种植心得中看到相关文章后才自己尝试操作。我感觉并不是拿把刀将生长点挖下来这样简单，很多时候别人并不会将其中的风险告诉你。记得有一株美吉寿就是因为下刀的位置没判断好，导致生长点周围的叶片全部散架！在和一些有经验的爱好者交流后得到一些相同的看法，即：切顶有一定的风险性，不适合在名贵品种上尝试。当然我也看到了一些爱好者的“小窍门”，例如在切顶前先阴养一段时间，待叶片排列稍松散时再下刀；有些则在工具上下足了功夫，用钓鱼线勒断生长点下部的连接处；用自制的刀具切顶繁殖……那些因为操作失误而散落下来的叶片则只能用叶插的方式“废物利用”。我个人不会首选叶插的方式，因为通常从成活到发芽到成为一株商品苗至少也需要 3 ～ 4 年的时间！而且这样的小苗都比较的瘦弱！

上述这些方法在我看来只能算作“权宜之计”，要想培育出优秀的品种，还是要通过授粉杂交。当然这是一项长期而艰巨的工作，前期的投入会非常的高！而且绝对要耐得住寂寞。很多时候一拨种子从发芽到能体现植株特性后，你会发现它们并不是你心中所追求的“心上人”，于是收集新的母本，再次重复的工作又会花去你很多的时间！虽然充满着许多未知的不确定因素，但却让你乐在其中！

雪景色

踏花花友的种植心得

关于肉锥花的种植

常有人问“怎么种肉锥花”，我也是摸着石头走过来的。只提供一些想法和建议，仅供参考。

● 土壤

很多问题都涉及土壤的配制，没必要太在乎是否能找到多么“优秀”的名牌土（比如赤玉土）。我就尝试过用各类土种植肉锥花，效果有些不同，但差异不是很大。把握的尺度也比较简单，一把土拿在手里不黏成一大块就可以了。最简单的方法——泥炭 + 珍珠岩 + 少量颗粒状的土（种植兰花用的土也可以用，只要选择最小的颗粒就可以了）。

我观察，肉锥花的根系并不十分发达，所以水对肉锥花的健康成长是十分必要的。而这类植物的叶子根部又怕长期接触潮湿的土壤，所以，我选择了用比较透气、保水的材质作为种植土（见上述的配土方法），在种植土壤的表层薄薄地铺设一层粗沙或者小颗粒的石头、颗粒土都可以（一般我会选择 2 ~ 3 毫米大小的颗粒），颗粒状的沙石渗水快，并能在大多数时间内保持表层的相对干燥。

少　将

conophytum luckhoffii

● 温度和浇水

常有人说肉锥花太过娇嫩，夏季和冬季都很容易烂。似乎温度是罪魁祸首，其实不然。之所以把温度和浇水放在一起写，就是因为我觉得两者是相互关联的。春、秋季（温度在10℃以上，30℃以下），温度适宜肉锥花的生长发育，即便每天浇水都没太大的问题（前提条件是看土壤的透气、保水程度，我调配的土，基本上属于水从上面浇下去，马上会从盆底留出来的那种）。

清姬1

清姬2

墨小锥

群碧玉
（锅盖供稿）

进入夏季，温度逐步攀升，此时需要适当地控水，但控水不等于不给水。选择合理的浇水时间和量对于夏季的管理比较重要，通常我会选择在晚上5时左右浇水，一来气温逐渐降低，二来在第二天出太阳前，最表层的土基本上已经干了，这样可以有效控制因为表层土壤的高温和潮湿导致肉锥花腐烂的问题。

勋章1

勋章2

勋章3

进入冬季，当最低温度接近3～5℃的时候，如果没有保温设备，那么，可以考虑断水了，至少这个方法能比较保险地让你的肉锥花顺利度过冬季。我曾经尝试断水后把肉锥花放置在室外过冬，在不浇水的情况下，肉锥花经历了年初的大雪，当时厚厚的积雪覆盖了肉锥和盆子，维持的时间约有4天，没去人工除雪，在自然的状态下，春天来临它们依旧能够健康地生长并开花。说明肉锥花是能够经受短时的极度低温的。

如果冬季有较好的保温设备，或者放置在室内，温度维持在5℃左右，那么选择一个晴朗的中午，每周或者隔周给一次水也是可以的。

浇水的方法有2种，一种是从上往下浇水，一种是坐盆浸泡，都可以，视个人喜好。

● 蜕皮和开花

蜕皮和开花是肉锥花管理中必须经历的两个过程，蜕皮和开花时浇水都要小心一些，此时宜选用坐盆的方法，因为老皮和花接触到水很容易烂。

● 种植环境

光照对于肉锥花较为重要，是种好肉锥花的前提条件。通过观察，我发现即便是隔着一层玻璃，只要光照较好，肉锥还是能够健康生长的，但花盆不能离窗口太远。

Conophytum obcordellum

Conophytum piluliforme

我更喜欢露天种植，这种环境下的植株短小而肥美，花纹也较为明显，颜色则较鲜艳。植物对环境的耐受力也会有一定的提高。

对照了肉锥花原产地的照片，大多数的肉锥花生长在岩石缝隙中，或者树荫下，那么，在室外种植它们，需要适当地遮阳。在我的种植环境里，窗台上有阳光板做的雨棚，为了防止鸟类啄食放在窗外的肉锥花，我用不锈钢的纱网做了个架子，那层纱网也起到了一定的遮阳作用。在这样的环境里，我家的肉锥几乎一年四季都在室外。

● 换盆或移植

比较理想的换盆或移植时间在秋季，秋季是肉锥生长的旺季，温度和气候都较为适宜。换盆前最好有 3、4 天提前断水的时间，去除老土，用手轻轻清理根部，也可以用软毛的牙刷刷去老土和不健康的老根（即便去掉所有的老根也没问题）。找一把小镊子备用。先在盆里放好种植土，然后铺设表层的颗粒土，用喷壶把土喷湿润（我喜欢一次性浇透），然后用镊子捏住根部插入土中，种好后适当调整一下植物周围的土就可以了。在 25℃左右的环境里，肉锥能在 1 周内长出新的根系，此时你就能安心的把它们放置在有遮阳设备的室外了。

● 其他

在种植过程中，感觉肉锥的侧面经不起强光的照射，而它们的顶部能耐受较强的光照，所以，在种植时，我们可以利用花盆来保护肉锥，就是说土壤不要放得太满，种植土的表面离盆口最好有 2 厘米左右的差距，这样可以利用盆壁遮挡掉太阳下山时的侧光。其实，种植肉锥的土，只要有 3 ～ 4 厘米就足够了。

我曾在旅顺的炮台上看到当地的原生景天植物，那里的土（说是尘土似乎更合适）只有薄薄的几毫米，但那些小小的多肉却很健康、很漂亮。种植肉锥时，少一些土，对控水也较为方便，对于那些成天喜欢浇水的人来说是个不错的选择。

（超超）

生石花的播种和苗期护理方法

生石花，别名石头花，番杏科生石花属。原产南非及西南非的干旱地区（多石砾、阳光充足），喜温暖、干燥及阳光充足，生长适温 20 ~ 24℃。关于生石花的繁殖，对于成年生石花来说，分株繁殖虽然可行，毕竟数量有限，用种子播种，是生石花繁殖目前来说最具优势的方法。

生石花的种子相对平常我们所接触的花卉种子来说要细小很多，一般直径在 0.1 ~ 0.5 毫米，所以在播种操作上需要有更多的耐心去对待，成功的播种要做好以下各个环节的操作和管理。

阳台养殖生石花 1
（大脚板供稿）

阳台养殖生石花 2
（大脚板供稿）

生石花开花
（姚一麟供稿）

黄微纹玉幼苗

● 播种时间

生石花的种子萌发，同其他种子的萌发一样，需要昼夜有相对的温差，10 ～ 12℃的温差是最好的。而具备这样大温差的时间大多在春季（春分前后）和秋季（秋分前后），具体的大原则是夜昼温度在 15 ～ 26℃的范围内，是播种的适宜温度条件，当然还要考虑期间有充足的太阳光照。采取春播，小苗要经历一个夏天的高温护理过程，而秋播则要面对冬天的保温处理。

● 播种用盆

用盆没有太多的限制，但要求有不少于 8 厘米以上的高度，盆面的大小也无所谓，大一点小一点都行，只是盆土的含水量会影响养护过程中浇水量的控制以及浇水的频率。盆的形状没有要求，方的、圆的、其他形状的都可以，但必须要有良好的排水口设计。盆的材质选择性也很宽，紫砂盆、泥盆、瓷盆、塑料盆均可。

● 播种基质

单纯从发芽这个角度来说，播种基质在保证充分的消毒前提下，似乎没有想象的那么复杂，纯蛭石和珍珠岩同样可以很好的发芽。但对于生石花来说，发芽容易护苗难，为了保证生石花小苗的正常护理，还是要求基质在护理过程中不易滋生病菌，而且疏松透气的条件利于生石花小苗根系的良好发育，避免盆土长时间积水而引致的烂根现象，同时还要有足够的营养物质，可以满足小苗生长 1 年左右，直至进行第一次分苗移栽。符合这些条件要求的基质可以使小苗根系好，长而壮，缓苗期短，很快就能健康生长。

为此可以建立基质构成的一个大原则：营养保水物质 + 排水透气物质 + 支撑物质。营养保水物质可以选取泥炭土、腐叶营养土、颗粒的园土等，排水透气物质可以选取珍珠岩、蛭石、粗沙、煤渣、小颗粒兰石（直径 3 ~ 6 毫米）等，支撑物质（其实也可以定义为排水透气物质的范畴里面）可以选取粗沙、煤渣、小颗粒兰石等。现在还有几种特性具备的植料，如赤玉土、鹿沼土。配制比例按营养保水物质 ：（排水透气物质 + 支撑物质）= 1 ∶ 1 即可，比例大小可以根据当

图 1　基质

地气候条件和用盆材质的水分蒸发量作适当的调整，多点少点无所谓，因为实际养护过程中还可以通过浇水环节来作水量的适当控制（图 1）。

● 盆具、基质的消毒灭菌

这是播种成功的重要环节。为了简化操作过程，建议将基质装好盆后一起高温消毒，具体的操作步骤如下：

① 播种盆底设好防水层，可以用小颗粒的陶粒、中颗粒兰石（直径 6 ～ 10 毫米）等颗粒不规则块状石块来填满盆底。

② 在防水层上再覆一层小颗粒兰石（也可以是其他介质），目的是填满防水层表面的大空隙，这样可以更好的承托上部基质，然后回填配好的基质，当基质接近盆沿时，轻叩摇动，再用光滑的瓶底将基质抹平，此时，基质到盆沿约有 1.5 厘米左右就可以了（给种子发芽后留一定的空间）。最后表面平覆一层 1 ～ 2 毫米的河沙（用水清洗干净）（图 2），这样盆土面的缝隙被填平，以防种子落于基质的缝隙中，而影响种子发芽，同时还可以避免盆土表面滋生青苔（影响盆土表面的透气性）。

图 2　基质面覆盖河沙

③ 将盆土浇透水，放微波炉高火消毒 5 ～ 8 分钟后，自然冷却到环境温度。

● 种子播种

① 种子撒播。将厚硬的记事贴纸（正常的打字、复印纸也很好）对折一下，再摊开后留下一条线痕，然后将生石花种子放在纸上，轻敲纸背，这样种子就会基本聚合在线痕的周边（图 3），

这时边轻敲纸背，边倾斜移动纸痕的最低落口，生石花种子就弹落到播种盆的基质表面了。有时落下的种子太密集，等撒播完后，用缝衣大针或牙签仔细挑开摆均匀。如果种子种类多，每种之间用洗净消毒的小石子隔开做分界，同时做好播种位置的记录。由于生石花种子属于好光性发芽，因此种子表面不用再覆盖任何东西，也不影响正常发芽。

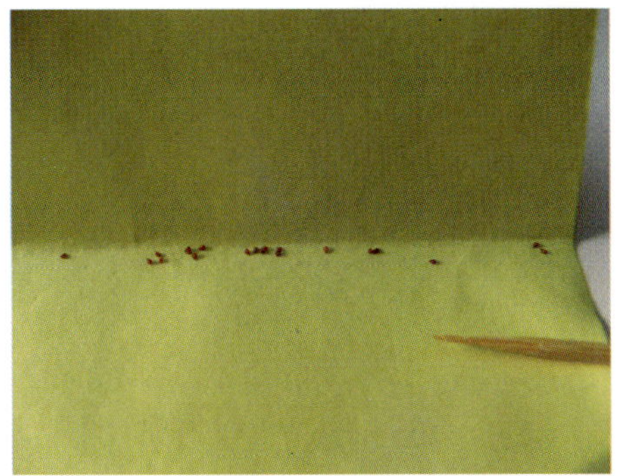

图 3　撒播的红大内种子

② 坐盆吸水。最好用凉开水或矿泉水，用足够容纳整个播种盆的容器来盛放，水里面放入高锰酸钾晶体（以完全溶解后水呈紫红色为好）。然后将播好种子的播种盆整盆放在高锰酸钾溶液里，坐盆几分钟（图 4），这样给种子消毒的同时，也有利于种子的催芽作用。基质吸水饱和后，端出控去多余的水直至底孔无水流出为止。

图 4　高锰酸钾溶液坐盆消毒

③ 往盆面种子上再喷洒一遍高锰酸钾溶液，以使种子彻底与河沙有亲

图 5　盆面覆膜留透气孔

图 6　覆膜面的水汽

密的接触，完毕后盆口用保鲜膜进行覆盖（用橡皮筋扣好），膜上用牙签均匀扎些孔透气（图 5）。

④ 最后将播种好的盆放置到明亮、而非阳光直射、温暖的地方。只要温度足够，不久盆口的保鲜膜将会蒙上一层水雾，并有水汽凝成水珠，证明此时的湿度和温度非常符合种子发芽的条件（图 6）。

● 出苗期的管理

在干湿度合适、温度调控合理的状态下，一些饱满的生石花种子在 24 小时以后就可以萌发了，但大多数种子在 5 ～ 12 天之间萌发都算正常，极个别的也有半个月后发芽的。总之，影响发芽时间的主要原因是种子的品种，还有就是温度（湿度正常的情况下），太高或太低的温度都会影响种子的萌发时间。如果在正常出芽时间段不能正常出芽，那么应该就是种子的质量问题了。生石花种子的发芽率在 50%～ 90%的范围内均属正常。

在撒播的头 2 周内每天都可以揭膜来观察的（几分钟），可在适当换气的同时，观察有否发霉和滋生菌丝，如有，要马上清除，并且喷洒多菌灵溶液灭杀。

当发芽率有一定保证时，白天可以揭膜让小苗适当见太阳光（最好避开 11：30 ～ 14：30 的正午直射光照），以防小苗徒长。小苗刚出苗时呈绿色，经光照“沐浴”后会颜色加深（变红），苗的侧面会发红，这是小苗体内的花青素起作用的缘故，虽然会有抑制生长的效果，但可以防止小苗徒长，除利于生长矮壮外，还可提高小苗的抗逆性，减少小苗中途报销的机会，所以，在有条件的情况下应适当地给小苗增加光照。在适当光照后，及时补充流失的水分，然后继续覆膜，有利于余下种子的继续萌发（图 7）。

等种子全部萌发以后过1周就可以彻底不用覆膜了。此时，可让小苗增加直射光照的时间，进一步提高小苗的抗逆性，使小苗长得敦实矮壮（揭膜晚，小苗生长细长、虚弱嫩黄，揭得早，可能影响余下种子的出苗，降低发芽率）。

图 7　刚发芽的红大内

小苗出芽时会发生倒伏和裸根的情况，此时可以用牙签进行处理。安全的做法是用旁边的河沙颗粒来覆盖和支撑，因为刚出芽的小苗移苗的死亡率是基本可以避免的。当然也可以完全不用处理，随着小苗的生长，根系发育好以后，并不影响小苗的正常养护。

完全揭膜后，小苗就转入正常的养护阶段。此时要求养护环境通风良好，而且在小苗头一年的生长期间，必须生活在湿度相对较高的环境中，一旦缺水，虽然不会死亡，但新根长出慢，直接影响苗子的生长，这是与成年生石花养护的最大区别。也就是说小苗比成年生石花更喜欢水，难以承受干旱的考验，所以浇水的控制以盆面河沙干旱1天后浇水为宜（一般大概在1周的时间）。浇水以浸盆的方式为主，浸盆的水位在盆高一半以上就可以了，依靠虹吸现象水分会慢慢使盆面完全湿润，这样浇水就完成了。当然在小苗2月大以后采用盆面浇水（在蜕皮期间不可采用）也是可以的，只是要控制好水压，以防冲倒小苗。

小苗生长期间舒适的气候环境将会利于良好的生长，一般可以这样间接的体会，人体觉得舒适的环境，生石花同样喜欢。根据这种习性，只要人觉得可以接受的直射光照，生石花小苗就可以尽情“沐浴”，否则要作适当的遮阴处理。所以，尽量地营造一个通风良好而且温度适宜的生长环境，除了有利于生长外，还可以减少病虫害的发生。一般定期1个月左右喷洒一次多菌灵和杀虫药，杀虫药推荐一种家庭适宜的环保方法：用炒菜用的大蒜头3、4瓣，用刀拍碎，用1升左右的水泡1天后，取清液喷洒，可以灭杀很多小虫，同时又可以作为小苗补充营养的一种方式。

小苗出芽的1个月后，一般生石花品种的个头可以长大到直径2～3毫米，2个月左右可以长大到3～4毫米，3个月基本可以长到4～5毫米（图8）。之后小苗的生长进入到一个相对的停滞期，此时小苗将进入第一次蜕皮的准备阶段了。蜕皮前期小苗生长几乎停滞，没有先前良好生长时的活性，色泽也可能暗淡一些，叶面顶部还可能有皱纹出现，这时光照要跟上，盆面的湿度可以适当的减少。到4个月前后，小苗将陆续开始蜕皮（图9），此时适当控制水量，以浸盆方式给水，保证盆面有潮润就可以了，同时光照加强，利于老皮的干枯。整个蜕皮过程大概1个多月，新叶不断长大，叶面顶部的品种花纹基本能显露出来，老皮也基本干枯，此时可以恢复正常的浇水管理，直到小苗不断继续长大。

图8　发芽2个月的红大内

图9　蜕皮的红大内

经历大概1年的生长，小苗基本上可以有6～8毫米大小（个别品种可能更大些），这时的小苗根系已经比较发达了，但盆土也比较板结，营养物质也消耗得差不多了，有必要进行换盆移植的处理。这样将更有利于小苗的进一步良好的生长和发

生石花——花纹玉

生石花——石榴玉

育，此时基本可以按照成年生石花的基质配法和日常养护方法来管理了，但水分可以比成年生石花适当地增加，光照同样是不能少的。

● 总结补充

头一年的小苗全年基本都处于生长阶段，只是炎热的夏天和寒冷的冬天生长会停滞一些，全年都不需要断水处理，只需蜕皮期间适度减少水量，但以小苗不受旱为原则。除夏天和紫外线过强的时节（如正午和初秋时节），需要作遮阴处理外，小苗可以接受直射光照，当然前提是小苗根系不能受旱。冬天注意保温，室内温度在5℃以上，小苗可以安全越冬。这样的养护条件下，小苗壮实，叶面颜色比较深，抗性好，期间不容易腐烂死亡。

（声动）

教您莳养蟹爪兰

蟹爪兰为仙人掌科蟹爪属常见花卉，也称蟹爪莲、锦上添花。其花朵色彩艳丽，姿态优美，花瓣质地如玉如缎，晶莹剔透，甚是迷人（图 1）。

图 1

缤纷的蟹爪兰家族

图 2

蟹爪兰茎节扁平、节节相连生长，茎节的两缘有对称生长的尖锐锯齿，根据品种的不同，锯齿的形状有长有短，数量有多有少，多则 4 ~ 5 对，少则 2 对，（图 2）是典型的蟹爪兰叶片。

品种不同，蟹爪兰的花期也不同，早的在 10 月末开放，晚的可在 12 月末到 1 月初开放。在经由人工控制光照和温度条件后，花期可提前到国庆节。

蟹爪兰的花色有深浅不同的红、粉、紫色和黄色、橘黄色及白色红心等（如图 3、图 4、图 5），有的花瓣上会显现出各色条纹，十分美观。

图 3

图 4

图 5

随着园艺业的不断发展，蟹爪兰现已有几百个栽培品种，比较特别的品种有黄斑彩叶蟹爪兰和畸花瓣型蟹爪兰。

国内常见的栽培品种有：红玛丽、白玛丽、白雪公主、蕾报金秋、超级肯尼亚、粉仙子 、日本紫、冬珍珠、夏娃、快乐新娘等。

区分蟹爪兰品种需要通过叶形、叶色、花形、花色以及花期的早晚等诸多指标来进行。因为有些蟹爪兰品种从叶形上看可能没多大区别，但其花色和花期却不同，还有花形和花色相似但其茎叶的颜色、形状和植株的长势却有很大的差距。

● 轻松繁殖蟹爪兰

蟹爪兰的繁殖一般用扦插和嫁接法，也可播种繁殖。

先谈谈如何嫁接蟹爪兰。好多“蟹迷”嫁接蟹爪兰时找不到形成层，经常为嫁接失败而痛苦，甚至遭受损失。一般嫁接蟹爪兰所用的砧木也不过是三棱箭、仙人掌、仙人球和叶仙人掌几种。我们不妨通过解剖一个胡萝卜，来认识这几种砧木的形成层到底在哪儿。大家知道，胡萝卜由皮、肉和芯三部分组成，横向截断的胡萝卜，可以清晰地看到它的结构。如果我们设想将其变形为三角形、扁形，这是不是如同横切的三棱箭和仙人掌的截面呢？只不过仙人掌的心部组织相对柔嫩许多。好啦！所谓的形成层就是“肉”与“芯”之间那细细的分界线，只要在仙人掌或三棱箭的肉与芯之间的部位下刀，然后将切削成鸭嘴形的蟹爪兰插穗轻轻插入，固定好，即大功告成了。怎么样？胡萝卜让你轻松了许多吧！总之，一个原则就是不管你在仙人掌或三棱箭的顶部还是其他部位（如掌面的中部）下刀，刀口的开口角度大一点或小一点，只要将蟹爪兰接穗的形成层与这些砧木的形成层对准，即可嫁接成功。

注意：嫁接的植株 10 天之内伤口不能沾水，以免造成感染，影响成活。

顺便提一下扦插蟹爪兰。大多“蟹迷”知道蟹爪兰培养土要求疏松、透气和消毒，但总是育苗心切，将刚刚切下的蟹爪兰枝条插入培养土中，然后浇足水，等待其生根开花。错啦！知道吗？错在蟹爪兰的枝条不能切下直接扦插，也不能同时浇水。正确的做法是：将切下的蟹爪兰枝条先放置于阴凉通风的地方，晾 2 ~ 3 天，然后插入潮湿的培养土中，置于荫凉处，不要浇水，3 天后土壤干了再行浇水，10 天左右就会生根，待茎叶硬挺后可适当见光，转入正常养护。

● 不是蟹爪也美丽

在莳养蟹爪兰的过程中我们常常会收集到一些与蟹爪兰很为相似的品种，比方仙人指、假昙花，还有落花之舞，有的“蟹迷”根本就无法区分蟹爪兰与这几个品种。由于引进时间的早晚不同，有的品种在商品盆花中价格会远低于蟹爪兰，而且花色也远没有蟹爪兰丰富，不过这些花儿确实也很美丽，各有特色。

仙人指　与蟹爪兰最为相似，整个植株如果不仔细观察很容易混淆，明显的区别就是其茎节的边缘没有尖锐的锯齿。另外，其花期一般都在蟹爪兰之后，通常在元月底到 3 月初。从花形上看，仙人指的花朵下垂幅度更大一些，且花瓣一致向后反卷。而蟹爪兰的花朵是向斜下方开放，花瓣反卷的方向为斜上方，大多数蟹爪兰的花瓣比仙人指的花瓣要宽阔一些。仙人指常见的品种花色有3种，如图6、图7为洋红色和浅橘红色的品种，后一种常被商家误称黄色蟹爪兰，购买时需要注意。

图6

图7

假昙花　常被称作荷兰红，其茎片比较肥厚，长圆形，大多边缘有紫色晕圈，茎片顶端的刺毛相当明显，花期在3月底到5月初，花形与蟹爪兰和仙人指有很大区别，呈放射状开放。常见品种有大红、深红、浅紫色，如图8、图9。

图8

图9

落花之舞　栽培不很普及，茎节较细，大多呈三棱形或扁圆柱形，棱缘有紫晕。花期同假昙花，花形近似假昙花，只是花更小一些，花瓣顶端稍圆，花形更紧凑，如图 10，花朵具有淡淡的香味。

图 10

这几个品种与蟹爪兰，同属仙人掌科，繁殖均可通过扦插和嫁接来进行，假昙花和落花之舞容易收获种子，所以有兴趣的朋友可以播种获取幼苗。

● 做好“蟹蟹的Doctor”

日常养护中，除了给蟹爪兰创造温暖潮湿和半阴通风的环境外，一定要做好盆土的排水工作，无论何时都不可使盆土长期积水。夏季高温和冬季低温，都要使盆土保持比较干燥，浇水要见干见湿。正常养护蟹爪兰要求温度在 8 ～ 10℃以上，30℃以下。实践证明，适度的干旱可让蟹爪兰抵抗冬季较短时间 0 ～ 5℃的低温。

新栽培的蟹爪兰第一年一般不必施肥，只在 10 月份喷施磷、钾类的促花肥即可。第二年，脱盆换土一次。夏休眠的晚期和花

后休眠晚期可对蟹爪兰过长的茎枝进行短截整形。扦插的植株在夏季高温和冬季低温时常会发生烂根的现象，一般皆为浇水过多导致土壤含氧量过低，细菌侵入根部，植株抵抗力差所致。除了控制水分加以预防外，可在病发初期根施适当浓度的多菌灵，一到两次，会起到很好的预防效果。

春末到秋季常会有蚧壳虫的危害。在弱虫期可喷洒氧化乐果 1 000 倍液，1 周一次，连喷 2 ~ 3 次。成虫期，由于药剂不容易侵入蚧壳蜡质内部，因此可采用根部浇施 700 ~ 800 倍液氧化乐果，半月一次，连施两次，利用植株内吸药剂来达到杀除蚧壳虫的目的。

（花言巧育）

图书在版编目（CIP）数据

多浆植物秀/赵章编著．—北京：农村读物出版社，2010.10

ISBN 978-7-5048-5373-8

Ⅰ．①多… Ⅱ．①赵… Ⅲ．①多浆植物–观赏园艺 Ⅳ．①S68

中国版本图书馆CIP数据核字（2010）第138212号

责任编辑 李振卿
出　　版 农村读物出版社（北京市朝阳区农展馆北路2号　100125）
发　　行 新华书店北京发行所
印　　刷 北京三益印刷有限公司
开　　本 889mm × 1194mm　1/32
印　　张 6.25
字　　数 90千
版　　次 2011年1月第1版　　2011年1月北京第1次印刷
印　　数 1～6 000册
定　　价 33.00元
